“十四五”时期国家重点出版物出版专项规划项目

新 能 源 先 进 技 术 研 究 与 应 用 系 列

固体氧化物燃料电池的热应力和界面强度分析

Thermal Stress and Interfacial Strength Analysis of Solid Oxide Fuel Cells

谢佳苗　著

哈爾濱工業大學出版社
HARBIN INSTITUTE OF TECHNOLOGY PRESS

内 容 简 介

本书对固体氧化物燃料电池在工作过程中的热应力和界面强度进行了系统介绍。全书共6章，内容主要包括绪论、阳极功能层的结构参数对电池热应力的影响、考虑界面层的电池界面热应力分析、界面形函数对波纹型电池界面强度的影响、平板型和波纹型电池的界面裂纹扩展分析以及总结与展望。本书是作者在多年本领域工作的基础上分析总结而成的，其内容覆盖了固体氧化物燃料电池在工作过程中的知识专题及新能源发展方向。

本书适合高等院校相关专业的高年级本科生和研究生阅读，也可供从事固体氧化物燃料电池耐久性、稳定性研究的科技工作者和工程技术人员参考使用。

图书在版编目（CIP）数据

固体氧化物燃料电池的热应力和界面强度分析 / 谢佳苗著. — 哈尔滨：哈尔滨工业大学出版社，2023.6
（新能源先进技术研究与应用系列）
ISBN 978-7-5767-0851-6

Ⅰ. ①固… Ⅱ. ①谢… Ⅲ. ①固体-氧化物-燃料电池-研究 Ⅳ. ①TM911.4

中国国家版本馆 CIP 数据核字（2023）第 101775 号

策划编辑　王桂芝
责任编辑　王　爽　刘　威
出版发行　哈尔滨工业大学出版社
社　　址　哈尔滨市南岗区复华四道街 10 号　邮编 150006
传　　真　0451-86414749
网　　址　http://hitpress.hit.edu.cn
印　　刷　黑龙江艺德印刷有限责任公司
开　　本　720 mm×1 000 mm　1/16　印张 10　字数 207 千字
版　　次　2023 年 6 月第 1 版　2023 年 6 月第 1 次印刷
书　　号　ISBN 978-7-5767-0851-6
定　　价　78.00 元

前　言

固体氧化物燃料电池（Solid Oxide Fuel Cell，SOFC）主要由阴极、阳极和固体氧化物电解质组成，是一种将化学能直接转化为电能的电化学装置，具有效率高、污染小、噪声低等优点，是未来最具发展前景的清洁能源之一。

目前，SOFC 在热循环的过程中，由于温度变化较大且电池各层之间的热膨胀系数存在差异，使得电池内部产生了较大的热应力，从而导致电池出现开裂、脱层等问题，这直接影响着电池的力学稳定性以及电化学性能。为此，作者自 2013 年起在西北工业大学王峰会教授的指导下开始从事固体氧化物燃料电池的热应力和界面强度分析的研究工作，并取得了一些积极的成果。本书总结了多年来的研究成果，力求让读者全面理解固体氧化物燃料电池的热应力和界面强度问题，并为相关领域的科技工作者和工程技术人员提供参考。

全书共 6 章，第 1 章为绪论。本章全面介绍了固体氧化物燃料电池的工作原理、结构类型和电极材料的制备过程和工作过程，介绍了功能梯度层、界面层和界面强度的表征方法的国内外研究现状，并讨论了固体氧化物燃料电池由于热应力而导致的界面开裂或脱层的机理和解决策略。

第 2 章为阳极功能层的结构参数对电池热应力的影响。本章基于分层法的思想，在阳极支撑型 SOFC 中引入阳极功能层，并将其划分成不同数目的子层，相邻层之间的材料属性和厚度均按照指数函数进行变化。通过改变阳极功能层子层数目，控制各子层的材料组成和厚度，研究了燃料电池在 800 ℃下的热应力分布，并得出促使热应力最小化的阳极功能层的优化方案。

第 3 章为考虑界面层的电池的界面热应力分析。本章根据界面层的形成机理和组分分布，确定了界面层的材料属性，推导了电极与电解质之间包括切应力和剥离应力在内的热应力解析表达式；建立了二维有限元模型来模拟界面热应力，给出了数值结果的界面热应力修正表达式，用来分析 SOFC 自由边界处的理论结果与数值结果的差异；比较了阳极-电解质界面和阴极-电解质界面之间的界面热应力水平，讨论了界面层厚度对界面热应力的影响。

第 4 章为界面形函数对波纹型电池界面强度的影响。本章基于势能原理和半电池系统的第一变分原理，用抛物线函数来表征波纹状的界面形态，推导出不同剥离角下剥离力的解析解；比较了用正弦形函数和抛物线形函数描述的界面形态所对应的剥离力的变化趋势和极值，并在确定的几何参数范围内，明确了提高界面强度的最佳波纹状形貌的形函数。

第 5 章为平板型和波纹型电池的界面裂纹扩展分析。本章对平板型和波纹型 SOFC 在冷却过程中的应力分布进行了模拟，分析了两种类型电池的界面裂纹扩展情况。首先，将边缘裂纹和中间裂纹作为预裂纹引入两种类型电池的阳极-电解质界面，分析和比较了平板型和波纹型 SOFC 的裂纹扩展情况，再从界面能量释放率的角度进一步研究了两种电池裂纹扩展情况不同的原因。

第 6 章为总结与展望。本章总结了全书主要的研究内容和研究结果，并从结构优化的角度对固体氧化物燃料电池在热循环过程中的热应力问题、界面强度问题以及裂纹扩展问题提出了未来的工作展望。

在此特别感谢西北工业大学王峰会教授、赵翔副教授在研究中给予的指导和支持，感谢西北工业大学高行山教授、邓子辰教授、苟文选教授、李春教授，浙江大学王宏涛教授，空军工程大学张忠平教授和西安交通大学王刚锋教授在研究中给予的指导和建议，感谢中北大学的原梅妮教授、李立州教授、徐鹏教授、陈鹏云副教授、张鹏讲师、路宽讲师在研究中给予的帮助和建议，感谢西北工业大学和中北大学在研究过程中给予的支持。

本书的研究和撰写得到了国家自然科学基金项目（项目编号：11372251、11572253 和 12102399）、山西省基础研究计划（自由探索类）项目（项目编号：

20210302124383）和山西省高等学校科技创新项目（批准号：2020L0323）的资助，在此表示衷心的感谢。

本书在撰写过程中参考了许多国内外相关文献和资料，在此向参考文献的作者表达最诚挚的谢意。

作者非常希望能献给读者一本新能源行业和固体氧化物燃料电池领域既有前沿理论又重视工程实践的好书，但由于水平有限，书中难免存在一些不足之处，敬请各位读者批评指正。

作　者

2023 年 5 月

目　　录

第1章　绪论

1.1　概述

众所周知，人类的生存和发展与能源有着紧密的联系，人类的一切经济活动都依赖于能源的供给。自 18 世纪 60 年代的第一次工业革命开始，人类对能源的需求急速且持续增长，尤其是石油、煤炭等化石能源，一直占据着能源需求的主导地位。近年来各类资源全球消费量如图 1.1 所示。

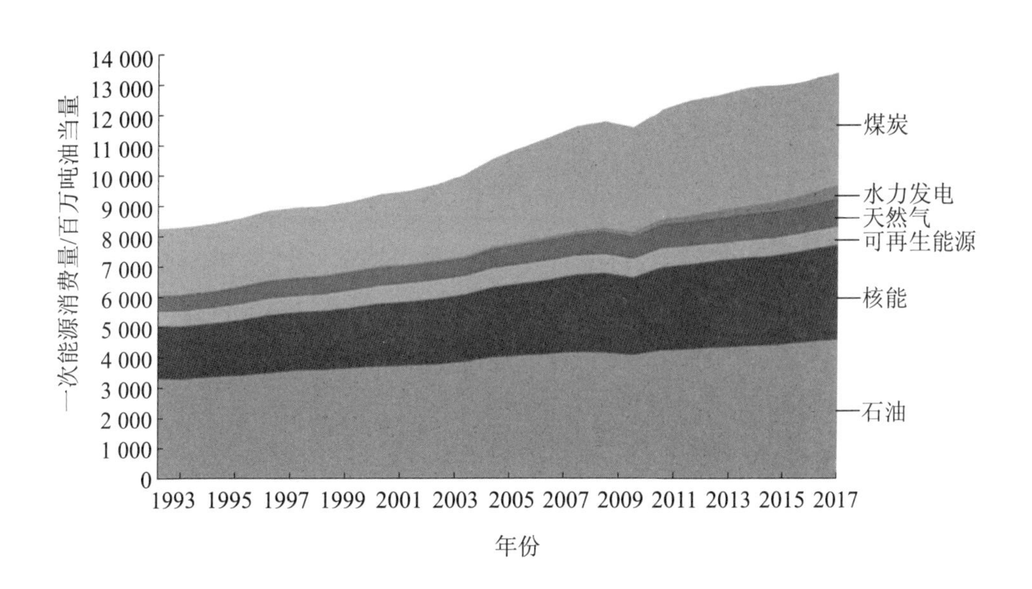

图 1.1　近年来各类资源全球消费量

根据2018年《BP世界能源统计年鉴》的研究，2017年全球能源需求同比增长了2.2%，高于其过去十年的平均值1.7%。作为人口大国，我国的能源消费总量一直居高不下，已经连续十年位居世界榜首（图1.2）。在我国的能源结构中，同样以石油和煤炭作为主要能源，清洁能源仅占比19.2%。如此过度地依赖化石能源，带来的后果是能源危机和环境污染。盛夏时节的停电、愈演愈烈的沙尘暴、覆盖全国的雾霾、逐年上升的气温等现象，无一不提醒着我们进行能源革命的必要性和迫切性。未来三十年，如何从化石能源时代过渡到清洁能源时代，如何平衡经济建设和环境友好之间的关系，对我国的科技能力提出了巨大的挑战。

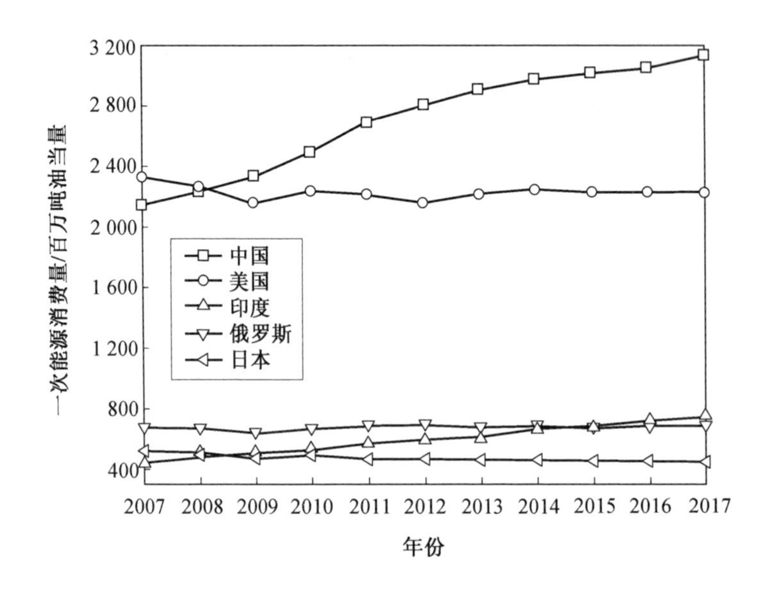

图1.2　近年来各国一次能源消费量对比情况

清洁能源包括低污染的化石能源（如天然气等）、太阳能、氢能等。其中，利用氢能进行发电的燃料电池，凭借自身的优势成为人们研究的热点。燃料电池（Fuel Cell）是一种以化学反应的方式将燃料中储存的能量直接转化为电能的装置。与传统的由化学能到热能再到电能的发电方式相比，燃料电池省去了热能这一中间步骤，不受卡诺循环的限制，因而具有更高的发电效率。另外，燃料电池不仅可以将氢气作为原料，任何含有氢原子的物质都可以作为燃料，如乙醇、甲醇等，这极大地缓解了主流化石能源耗竭的压力。最重要的是，由于燃料电池以这些富氢气体作为燃料，其二氧化碳排放量比热机过程减少 40%以上，且几乎不排放氮和硫的氧化物，这对环境是大有裨益的。此外，燃料电池还具有比能量高、噪声低、可靠性好等优点，这些都使得燃料电池成为未来最有发展前景的战略性能源之一。

1.2　固体氧化物燃料电池

燃料电池的结构主要由阴极、阳极和电解质组成。按照电解质种类的不同，可以将燃料电池分为五种，分别是碱性燃料电池、磷酸燃料电池，质子交换膜燃料电池、熔融碳酸盐燃料电池和固体氧化物燃料电池，其各自的特点见表 1.1。

表 1.1　五种燃料电池的特点

电池类型	碱性 燃料电池	磷酸 燃料电池	质子交换膜 燃料电池	熔融碳酸盐 燃料电池	固体氧化物 燃料电池
英文简称	AFC	PAFC	PEMFC	MCFC	SOFC
电解质	氢氧化钾	磷酸	质子渗透膜	碳酸钾	固体氧化物
燃料	纯氢	氢气、天然气	氢气、甲醇、 天然气	氢气、天然气 等碳氢化合物	氢气、天然气 等碳氢化合物
氧化剂	纯氧	空气	空气	空气	空气
电池效率	60%～90%	37%～42%	43%～58%	>50%	50%～65%

与其他类型的燃料电池相比，固体氧化物燃料电池（Solid Oxide Fuel Cell，SOFC）具有以下优点。

（1）电池是全固体结构，不存在液体电解质带来的腐蚀问题和流失问题。

（2）电池工作温度很高，为 800～1 000 ℃，其排出的高温余热可以形成热电联供系统，提高总发电效率。

（3）不需要使用贵金属催化剂。

（4）对燃料的适应性强，氢气、碳氢化合物、生物燃料等都可以作为燃料。

基于这些优点，SOFC 有可能成为未来最具发展前景的清洁能源之一。

1.2.1 工作原理

SOFC 单电池由阴极、阳极和电解质组成，电解质夹在阴极和阳极中间从而使电池形成一个三明治结构。SOFC 的工作原理示意图如图 1.3 所示。阴极为氧化剂被还原的场所，电池工作时向阴极处的气体通道中持续通入空气，具有多孔结构的阴极则会将空气中的氧气吸附到其表面。由于阴极本身具有催化作用，可以使氧分子得到电子，从而被还原成氧离子。之后在电场的作用下，氧离子通过电解质转移到阳极的活性反应区。阴极中发生的还原反应为

$$\frac{1}{2}O_2 + 2e^- \longrightarrow O^{2-} \tag{1.1}$$

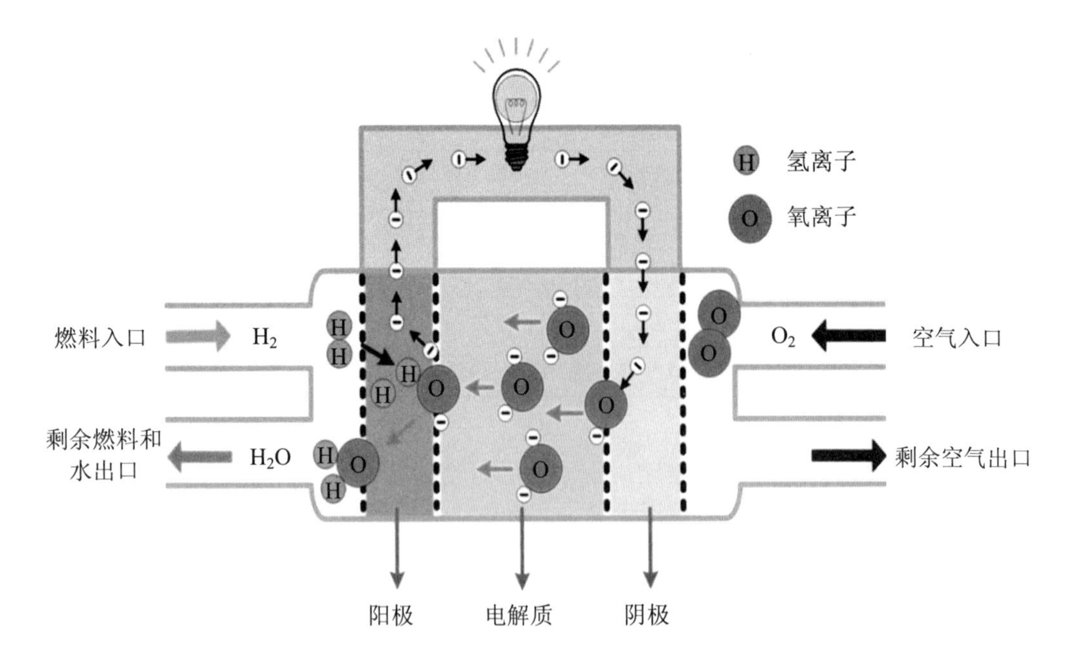

图 1.3　SOFC 的工作原理示意图

阳极为燃料发生氧化的场所，电池工作时在阳极持续通入燃料气体，如氢气（H_2）、甲烷（CH_4）或其他碳氢燃料。氢气可直接参与反应，碳氢燃料经过重整反应后产生氢气和一氧化碳（CO），继而参与反应。由于阳极本身具有催化作用，其可以将燃料气体吸附到表面，并通过自身的多孔结构将燃料气体扩散到阳极与电解质之间的界面处。之后，氢气和一氧化碳分别与氧离子结合，形成水（H_2O）和二氧化碳（CO_2），同时失去电子。失去的电子通过外电路回到阴极，在电池内部形成回路。阳极发生的氧化反应为

$$H_2 + O^{2-} \longrightarrow H_2O + 2e^- \tag{1.2}$$

$$CO + O^{2-} \longrightarrow CO_2 + 2e^- \tag{1.3}$$

所以，电池中发生的总电化学反应为

$$H_2 + \frac{1}{2}O_2 \longrightarrow H_2O \tag{1.4}$$

$$CO + \frac{1}{2}O_2 \longrightarrow CO_2 \tag{1.5}$$

值得注意的是，电池中所有的电化学反应都发生在三相界面（Triple Phase Boundary，TPB）处。三相界面指的是气体相、电解质相和电极相之间的交界区域（图 1.4），增加三相界面的面积可以提高电池的电化学反应速率和功率密度。研究表明，三相界面的厚度，即其从电解质到电极之间的长度为十几微米。因此，可以通过降低电极粒子尺寸、增加单位宽度下电池的三相界面的长度等方法来提高三相界面的面积，例如使用复合电极即在电池中引入电极功能层、将电极与电解质之间的界面设计为波纹状等，从而提高电池的电化学性能。

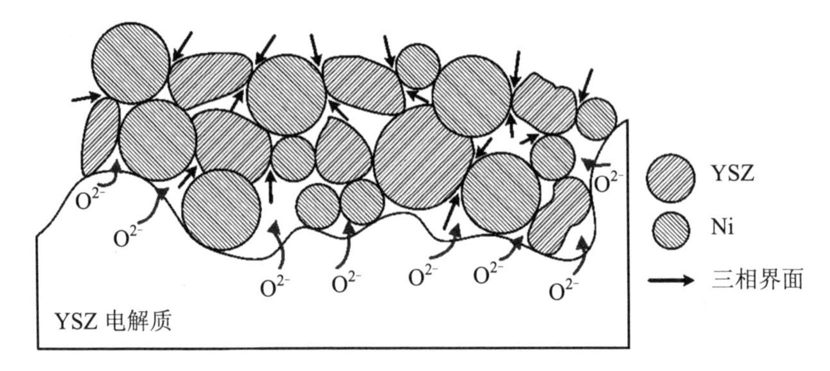

（a）阳极的三相界面反应示意图（以 Ni-YSZ 为例）

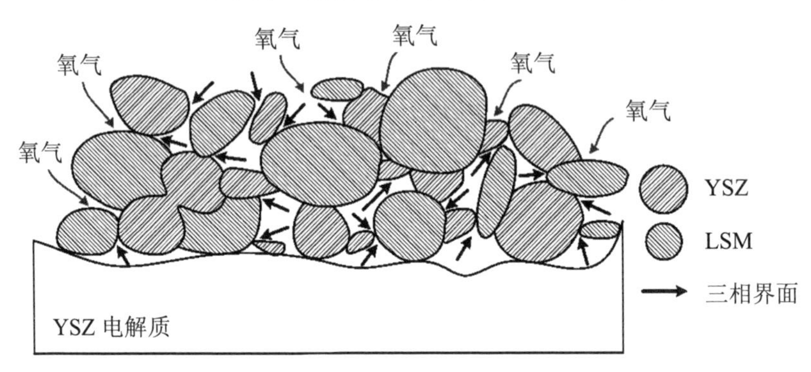

（b）阴极的三相界面反应示意图（以 LSM 为例）

图 1.4　电极的三相界面反应示意图

1.2.2　结构类型

为了满足 SOFC 性能的不同需求，研究人员研发出多种类型的电池结构，包括管式、平板型、瓦楞式、波纹型等构型。

管式 SOFC 是将电池组元以薄膜的形式沉积在圆柱形管子上，其优点是不需要高温密封来隔离燃料和氧化剂，且力学性能可以在较长时间内保持稳定。目前管式 SOFC 的技术较为成熟，现有的大功率 SOFC 电池堆都是以管式结构为主的。但管式 SOFC 也存在一些缺点，即制作工艺复杂，制作成本较高，且电流通过电池的路径较长，导致电池内的欧姆电阻损失较高。图 1.5 给出了管式 SOFC 单电池及电池堆的结构示意图。

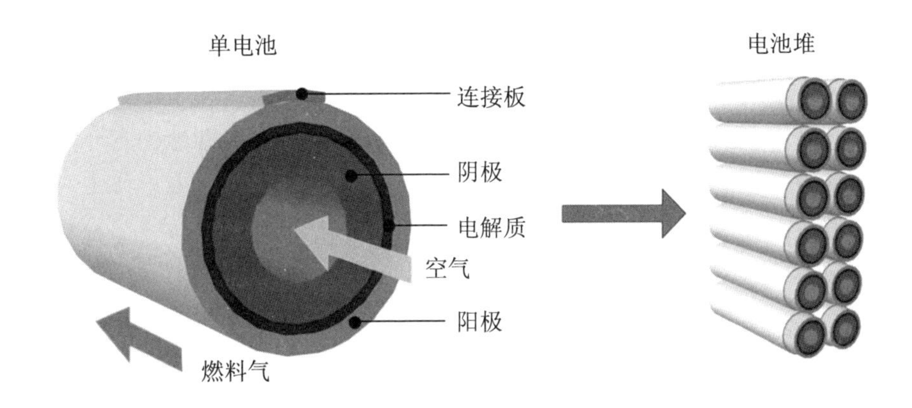

图 1.5　管式 SOFC 单电池及电池堆的结构示意图

平板型 SOFC 是将电池组件以平板型结构串联在一起，其优点是结构简单、成本较低、功率密度较高且电池与连接板的粘接强度高等。平板型 SOFC 又可以根据支撑体的不同设计成电解质支撑、阳极支撑、阴极支撑和外支撑四种类型。图 1.6 给出了平板型 SOFC 单电池及电池堆的结构示意图。本书主要对阳极支撑的平板型 SOFC 的热应力、界面强度和裂纹扩展进行研究。

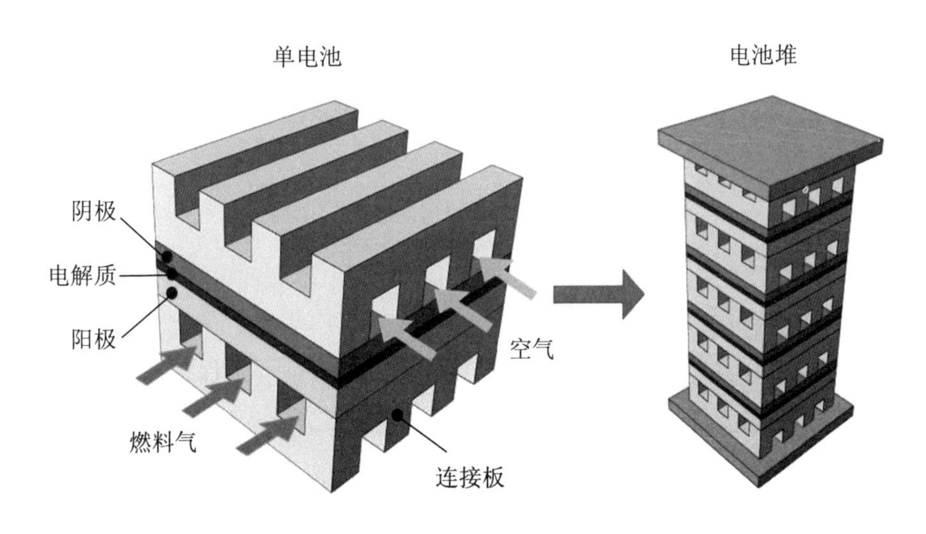

图 1.6　平板型 SOFC 单电池及电池堆的结构示意图

瓦楞式 SOFC 又称为单块叠层结构模块（mono-block layer built，MOLB），其基本结构与平板型 SOFC 类似，区别在于 MOLB 的电极和电解质不是平板状而是瓦楞状。由于瓦楞式 SOFC 自带气体通道，因此只要在电池上下表面加上平板型的双极板即可形成完整的单电池模型，而无需在双极板表面加工导流渠道。瓦楞式 SOFC 的最大优点是有效工作面积大，可以使气体与电极发生的化学反应更加充分，因此功率密度较高。但其缺点是瓦楞状的电极和电解质的制备比较困难，尤其是 YSZ 电解质是脆性材料，而整体的电池结构必须一次烧结成型，因此对制备工艺的要求非常严格。另外，瓦楞式 SOFC 存在应力集中的现象。图 1.7 给出了典型的瓦楞式 SOFC 单电池的结构示意图。

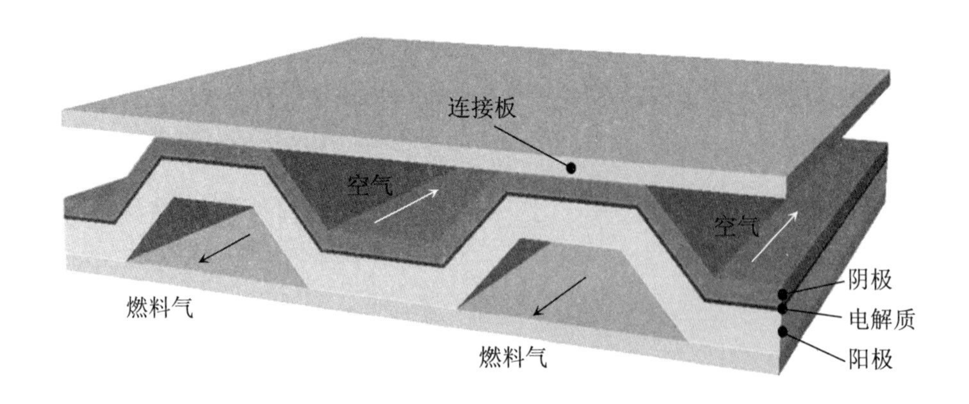

图 1.7　瓦楞式 SOFC 单电池的结构示意图

波纹型 SOFC 也是由平板型 SOFC 演变而来，其电解质和电极-电解质界面都是波纹状的，且界面形态可以由不同的形函数来表征，如图 1.8 所示。从理论上讲，在相同的投影面积上波纹型 SOFC 的有效反应面积比平板型 SOFC 增加了 73%，电池的功率密度可能增加 59%。本书对波纹型 SOFC 的界面强度和裂纹扩展也进行了研究。

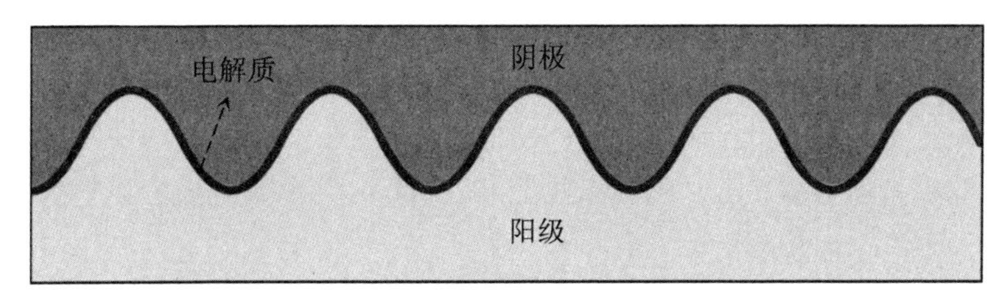

图 1.8　波纹型 SOFC 单电池的结构示意图

1.2.3　常用材料

在 SOFC 的系统中，电解质是电池的核心部分，它决定着电池的整体性能。电解质材料的研制是 SOFC 研究开发的关键。电解质的主要作用有两个：一个是传导离子，即将离子从一个电极尽可能高效地传输到另一个电极，同时阻碍电子的传输，因为电子的传导会产生两极间短路，从而降低电池效率；另外一个是隔离气体，因为电解质两侧分别与阳极和阴极接触，需要阻止还原气体和氧化气体相互渗透。因此，良好的电解质材料在其制备和工作条件下必须具备以下性质。

（1）电解质材料在氧化和还原环境中，以及在工作温度范围内必须具有足够高的离子电导率和足够低的电子电导率，从而实现高效的离子传输。

（2）电解质必须是致密的隔离层，以阻止还原气体和氧化气体的相互渗透而发生直接燃烧反应。

（3）电解质在高温制备环境和运行环境中必须具有高的化学稳定性，避免材料的分解。

（4）电解质必须在高温制备环境和运行环境中与阴极和阳极有良好的化学相容性和热膨胀匹配性，从而避免电解质和电极在界面处发生反应或者脱层，保证电池的结构完整性。

（5）电解质必须在高温制备环境和运行环境中具有较高的机械强度和抗热震性能，以保持电池结构及尺寸形状的稳定性。

（6）电解质材料必须具有较低的价格，以降低整个系统的价格成本，从而实现批量生产。

基于上述性质要求，目前 SOFC 中普遍采用的电解质材料是具有萤石结构的添加 8 mol%钇的氧化锆，即氧化钇稳定的氧化锆（YSZ）。YSZ 突出的优点是具有良好的相容性和力学强度，电子电导率几乎可以忽略，与金属电极的膨胀系数相近且价格低廉，因此长期被应用在 SOFC 上。

根据 SOFC 不同的结构，可以有多种方法来制备电解质薄膜。对于管式电池，可以采用电化学气相沉积（EVD）的方法（图 1.9）来制备致密的电解质薄膜，用该方法制备的 YSZ 薄膜大约为 40 μm，在 1 000 ℃下需要 40 min 来完成薄膜生长。除此之外，也可以采用更为传统的泥浆浸渍烧结技术，该技术是将电解质薄膜浸渍在支撑体上，YSZ 层的厚度和致密程度取决于支撑管从泥浆中抽出的速度、浸渍的次数和泥浆的黏度。Song 等报道了在多孔 Ni-YSZ 管上制备致密 YSZ 薄膜的情况，薄膜的有效面积为 20 cm^2，抽出速度是 22 mm/s，浸渍两次，得到厚度约为 20 μm 的 YSZ 薄膜。对于平板型电池，可以采用流延成型方法制备电解质薄膜（图 1.10），这种工艺可以制备厚度为 50～250 μm 的 YSZ 板。而在电极支撑的 SOFC 上，用该方法可以将电解质薄膜的厚度下降到 5～20 μm，从而大大降低了电解质的欧姆电阻。因此，从理论上讲，电极支撑的电池更适合在较低温度下工作。另外，对于电极支撑的电池而言，还可以使用丝网印刷技术来制备电解质薄膜，制备出的电解质薄膜厚度为 3～30 μm。

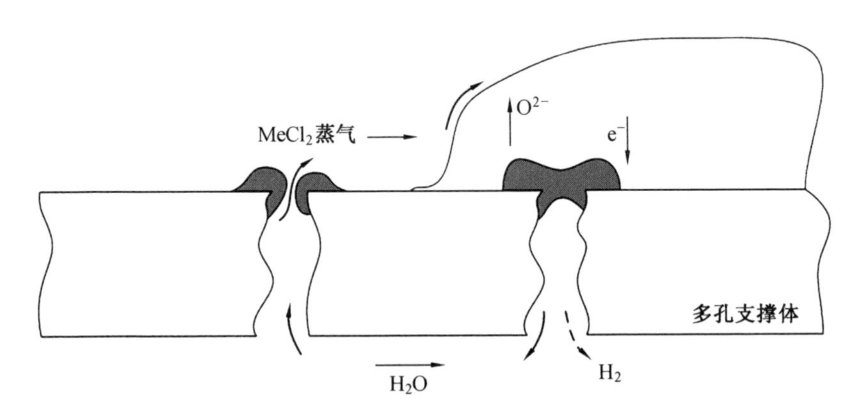

图 1.9　通过电化学气相沉积（EVD）制备电解质薄膜示意图

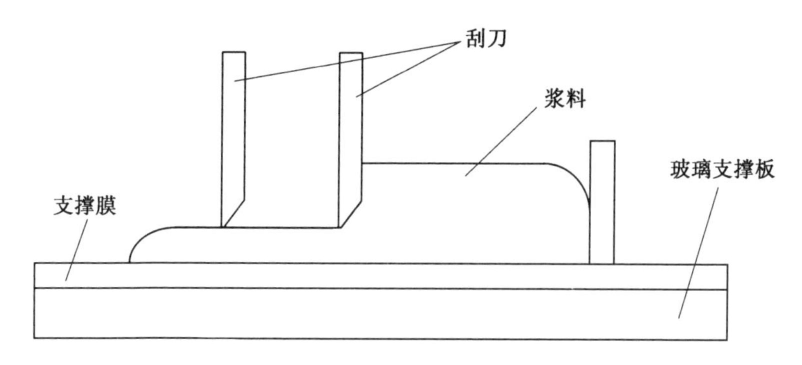

图 1.10　通过流延成型工艺制备电解质薄膜示意图

除了 YSZ 以外，同样是萤石结构的氧化铈基化合物，或者钙钛矿结构的氧化物以及质子传导氧化物等，都可以作为 SOFC 的电解质材料。但目前来看，氧化锆基化合物凭借其在还原氛围中的良好稳定性、较低的电子电导率，以及在 800 ℃以上时较高的氧离子电导率等优点，被认为是最好的电解质材料。

SOFC 阴极上所发生的反应主要是氧气的还原反应，即氧气分子（O_2）分解为氧离子（O^{2-}）。阴极的反应过程包括三个阶段：氧气扩散进入阴极多孔结构，氧气分解为氧离子并扩散至阴极的三相界面处，氧离子迁移至电解质处。所以说，SOFC 阴极的主要功能在于提供氧气的电化学还原反应所需要的场所。基于此，良好的阴极材料至少需要具备以下性质。

（1）阴极必须是多孔结构，才能让氧气扩散到反应界面。

（2）阴极需要具有较高的电子和离子电导率，使得阳极的电子和氧裂解生成的氧离子顺利通过，从而减小阴极的面比电阻和极化电阻。

（3）阴极应与电解质和连接体具有良好的化学相容性，以避免相互间的反应发生而形成高电阻的反应产物。

（4）在高温下的氧化气氛中，阴极需要具有较高的物理化学稳定性，即不发生分相、相变及外形尺寸变化。

（5）阴极的热膨胀系数需要与其他电池部件的热膨胀系数相匹配，从而避免出现电池开裂、变形和脱落现象。

（6）阴极应该具有较高的氧还原催化性，使得氧气分子能够分解成氧离子。

基于上述性质要求，符合条件的阴极材料只有贵金属、电子导电氧化物和混合电子-离子导电氧化物。在 SOFC 发展初期，由于缺少其他合适的材料，一般选用铂作为电池的阴极。但由于铂非常昂贵，不利于 SOFC 的商业发展，因此氧化物材料逐渐取代铂来作为电池的阴极材料。由于 ABO_3 的钙钛矿结构具有良好的稳定性，如图 1.11 所示，研究人员通过在其中掺杂不变价的低价阳离子，就可以在晶体中产生大量的氧空位，形成氧离子传递路径，从而促进阴极材料内氧离子的传导。常规的高温 SOFC 的阴极材料为掺杂 Sr 的 $LaMnO_3$，即 $La_{1-x}Sr_xMnO_3$。在本书的研究中，阴极材料选取的是 $La_{0.8}Sr_{0.2}MnO_3$，即 LSM。

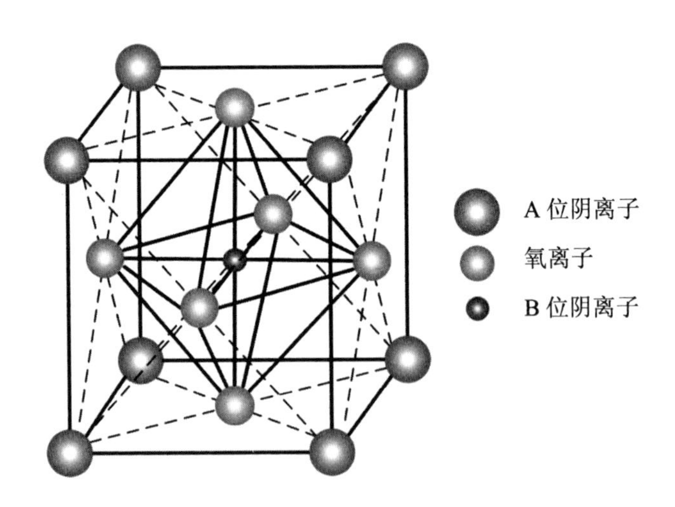

图 1.11　ABO_3 钙钛矿 ABO_3 点阵结构示意图

阴极的制备有物理方法和化学方法两种。就物理方法而言，可以采用真空等离子喷涂的方法来制备完整的阴极。就化学方法而言，通常采用粉体加工工艺来制备阴极，即首先通过固相反应法或凝胶沉淀法来制备阴极材料粉体，之后根据电池的结构来制备阴极。对于阴极支撑的管式电池，需要先将阴极材料粉体挤出成型多孔阴极管，然后在高温下烧结。而对于阳极支撑的平板型电池，则需要通过泥浆涂层、丝网印刷、流延成型或湿粉喷涂等方法将阴极材料粉末沉积在制备好的阳极/电解质上，待阴极浆料沉积后，要经过干燥和烧结，使电池成型。

SOFC 阳极上所发生的反应主要是燃料的电催化氧化反应，该反应是将阴极扩散来的氧离子和燃料气在阳极的三相界面处相反应，产生的电子由阳极导体迁移出去，同时将产生的水汽或二氧化碳以及多余的燃料气体一起排出电池之外。所以说，SOFC 阳极的主要功能在于提供燃料电催化氧化反应的场所以及将反应后的电子和产生的气体进行转移。基于此，良好的阳极材料至少需要具备以下性质。

（1）阳极必须是多孔结构，才能让燃料气扩散到反应界面。

（2）阳极需要具有较高的电子电导率，使电子能顺利迁移到外电路而产生电流。

（3）阳极应与电解质和连接体具有良好的化学相容性，以避免在阳极制备和工作中发生相互间的反应而形成高电阻的反应产物。

（4）在高温下的还原气氛中，阳极需要具有较高的物理化学稳定性，即不发生分相、相变以及外形尺寸变化。

（5）阳极的热膨胀系数需要与其他电池部件的热膨胀系数相匹配，从而避免出现电池开裂、变形和脱落现象。

（6）阳极必须具有优良的电催化活性和足够的表面积，为燃料电化学氧化反应的高效进行提供场所。

（7）阳极应该对燃料中的杂质如 H_2S 等具有较高的容忍性，避免引起硫中毒或腐蚀而使电池性能退化。

（8）在燃料供应中断的情况下，即在电池启动、关闭和瞬间变化等过程中，空气将不可避免地进入阳极区域，所以阳极需要具有氧化还原稳定性，即可以在短时间承受高氧浓度、承受空气甚至是高氧浓度的环境，而不出现结构完整性和电化学性能的不可逆损失。

对于阳极支撑的 SOFC 单电池而言，阳极对整个电池起着支撑体的作用，所以其力学性能非常重要。在 SOFC 发展初期，研究人员曾选用石墨、氧化铁、过渡金属、铂金属作为电池的阳极材料，后又改用镍和钴等金属。但是，铂在电池运行几个小时后会发生脱落，而镍在高温时会发生团聚而阻止燃料进入。20 世纪 60 年代，

Spacil 发现通过将氧化钇稳定的氧化锆（YSZ）电解质颗粒混合到镍的基体中形成复合电极，即多孔 Ni-YSZ 金属陶瓷，可以解决镍的团聚问题，这是 SOFC 技术的一个重大突破。在阳极材料 Ni-YSZ 中，Ni 金属相起着导电和催化的作用，而 YSZ 陶瓷相的主要作用是在其中作为支架限制金属晶粒增长和团聚，保持镍金属相的分散性和多孔性，保证足够长的阳极寿命。另外，YSZ 还可以承受不同的热膨胀引起的热应力，这种膨胀会因为复合材料中陶瓷体积分数的增加而减小。最后，YSZ 还可以为金属 Ni 的电子电导和电催化活性提供氧离子电导作为补充，通过电化学活性区移位来提高电池的电化学性能。然而，目前 Ni-YSZ 仍然不能完全达到理想阳极的所有要求。比如，当使用碳氢化合物作为燃料时，高温下的碳氢化合物会在镍表面快速热解，形成一层致密的碳层，从而破坏了阳极的多孔性，最终破坏阳极的整体结构。尽管如此，到目前为止 Ni-YSZ 金属陶瓷仍然是最成功的阳极材料。在本书的研究中，选取的 SOFC 阳极材料即为 Ni-YSZ，其结构示意图如图 1.12 所示。

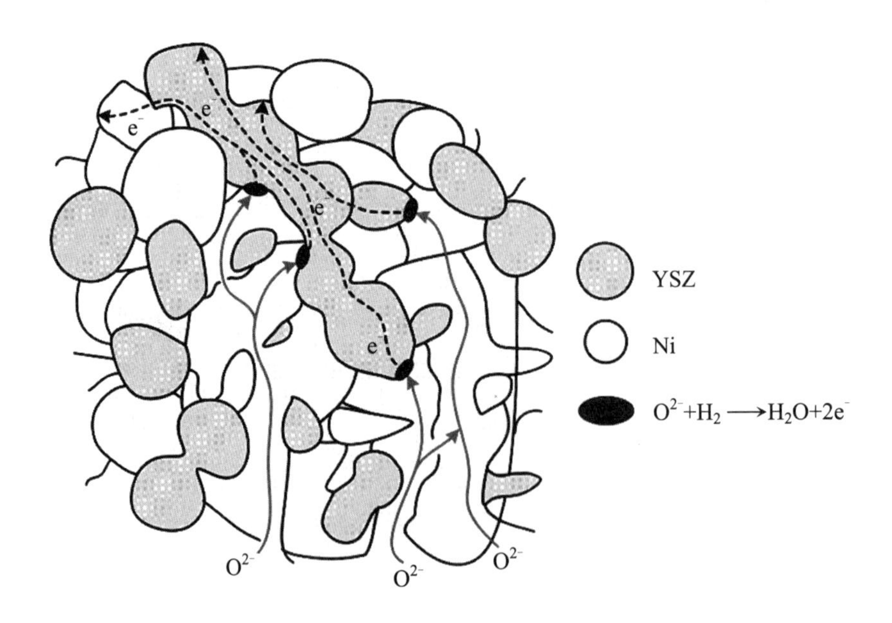

图 1.12　阳极金属陶瓷 Ni-YSZ 结构示意图

Ni-YSZ 的制备过程是将氧化镍（NiO）与 YSZ 混合成注浆成型用的水基浆料，并将浆料涂刷到电解质表面，之后在 1 550 ℃的温度下进行烧结形成 NiO-YSZ。为了提供电子通过阳极的路径，需要在电池工作之前在阳极气体通道内通入氢气，使得 NiO 在氢气中被还原为 Ni，即形成 Ni-YSZ。由于金属 Ni 比氧化物 NiO 更致密，在还原过程中，NiO 的体积减小了约 25%，这有利于提高阳极的多孔性。

对于阳极支撑的 SOFC 而言，高温的工作环境是其功率输出的保证，但也限制了其商业化发展。例如，高温会增加电池的成本，即对金属结构和连接体组件的要求更为严格。另外，高温会使得电池内部的热应力过大，从而缩短了电池的寿命。但如果降低工作温度，YSZ 电解质的电阻就会大幅提高，从而使得电池的输出功率下降。因此，为了平衡电池的工作温度和输出功率，就需要在较低的温度下提高电池的电极反应的电催化性能，通常可以采用减小电解质厚度和在电池中引入电极功能层两种方法。

1.2.4　制备过程和工作过程

由于 Ni 的化学性质较为活泼，所以在 SOFC 阳极的制备过程中通常不直接使用 Ni-YSZ，而是使用 NiO 和 YSZ 的混合物作为前驱体，在 1 350 ℃以上烧结成型，然后与制备好的电解质薄膜进行共烧，从而得到半电池结构。之后，通过泥浆涂层、丝网印刷、流延成型或湿粉喷涂等方法，将阴极沉积在制备好的阳极/电解质上，从而形成完整的 SOFC 单电池结构。在电池正式工作前，先向阳极、阴极气体通道分别通入氩气和空气，同时缓慢地升高温度以便准备对阳极进行还原。在升高到指定温度后，逐渐向阳极气体通道内通入氢气，使得 NiO-YSZ 还原为 Ni-YSZ。该过程持续约 3 小时后，将温度升高至约 800 ℃，此时电池开始工作。当电池停止工作时，关闭加热装置，电池由工作温度冷却至室温。

由于 SOFC 在制备和工作过程中经历了室温、工作温度和烧结温度，且三者之间的温差较大，加之电池各层之间的热膨胀系数存在差异，因此电池在工作过程中及冷却到室温过程中其内部均存在较大的热应力。我们通常以电池烧结时的温度作为电池的零应力温度。

1.3 功能梯度层

众所周知，传统的双材料型层合复合材料由于其界面处材料属性的不连续，很容易在界面附近产生明显的应力变化，从而导致层合复合材料产生裂纹、剥离或者脱层等问题，影响结构的正常使用。基于此，日本科学家在 20 世纪 80 年代提出了功能梯度材料（Functionally Graded Material，FGM）的概念，以满足航空航天等高科技领域对材料的严格要求。功能梯度材料是一种非均匀材料，一般由两种材料组成。但与层合复合材料不同的是，功能梯度材料在制备过程中通过连续控制材料各组分的含量，使得其包括弹性模量、密度、热膨胀系数等在内的材料属性沿某个方向连续变化，从而满足结构的不同部位对材料属性的不同要求，以便达到结构性能优化的目的。功能梯度材料的示意图如图 1.13 所示。

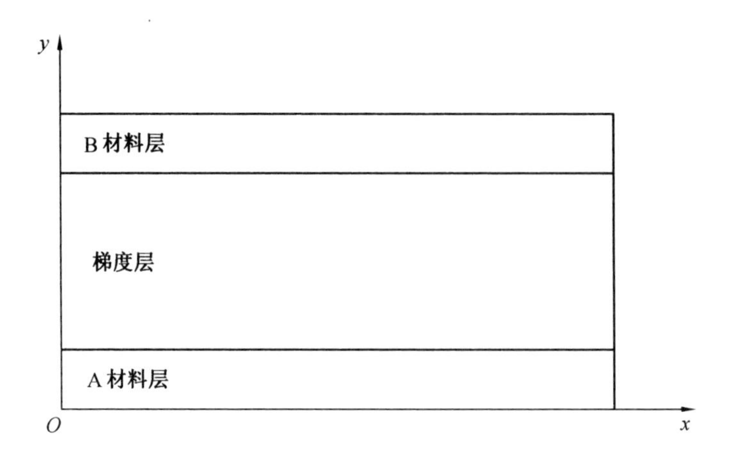

图 1.13　功能梯度材料的示意图

以热障涂层为例，为了保证结构在高温下运行，通常需要在高强度的金属表面沉积一层耐高温的陶瓷材料，以降低基底材料温度。但由于金属相和陶瓷相的热膨胀系数相差较大，使得结构在热循环的过程中，两种材料的界面处会产生较为严重的应力集中现象，进而导致界面脱层或陶瓷开裂。如果在金属相和陶瓷相之间引入组分连续变化的功能梯度层，就能极大地缓解材料内部的热应力，从而保证结构的耐久性，如图 1.14 所示。但连续梯度层的制备较为复杂，所以基于 Wang 等提出的分层模型理论，在实际应用时通常将连续梯度层划分为几个子层，各子层内部的材料属性保持不变，但相邻子层的材料属性呈阶梯状变化。连续梯度层的分层模型示意图如图 1.15 所示。

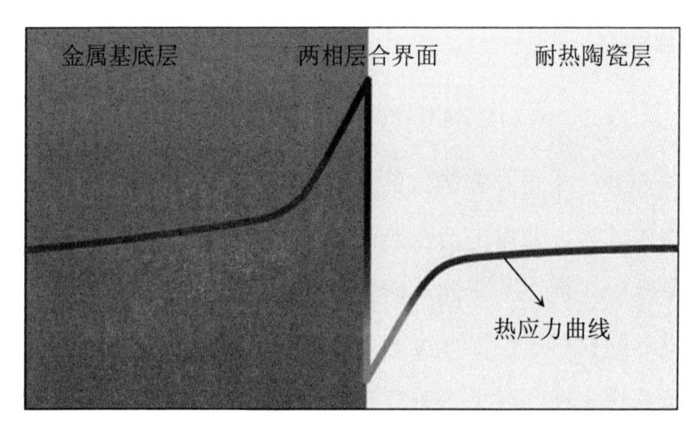

（a）两相层合材料的热应力分布

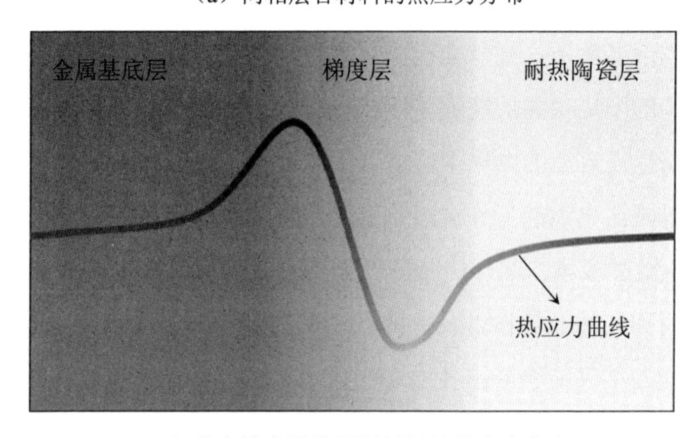

（b）带有梯度层的两相材料的热应力分布

图 1.14　两相材料的热应力分布示意图

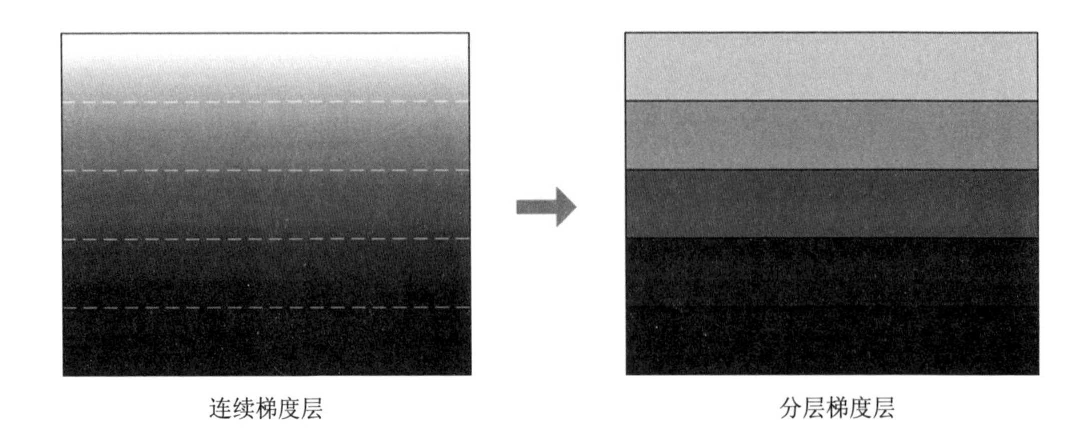

图 1.15 连续梯度层的分层模型示意图

事实上，在 SOFC 中也存在类似的问题，即电解质和电极之间的材料属性尤其是热膨胀系数相差过大，使得电池在热循环过程中产生了较大的热应力，进而影响电池的发电效率及耐久性。基于此，研究人员在电池的电解质和电极之间引入功能梯度层，使得电池的材料属性沿厚度方向连续变化或阶梯变化，从而减小电池的热失配应力，保证其稳定性。对于 SOFC 中的功能梯度层，目前主要的研究对象是电解质和阳极之间的功能梯度层，即阳极功能层（Anode Functional Layer，AFL）。由于阳极功能层靠近电解质，是催化剂与氢气和氧离子发生反应的主要区域，因此具有精细微观结构的阳极功能层能够使阳极的三相界面的长度最大化，并抑制阳极的活化极化，从而提高电池的电化学性能。更重要的是，一旦 SOFC 的电化学性能得到提高，就可以降低电池的工作温度，从而提高电池的耐久性，扩大电池材料的适用范围，降低电池的成本。此外，沿厚度方向的 Ni 含量和 Ni 与 YSZ 粒径比的梯度结构变化对电荷和气体的转移以及热膨胀系数的调整都非常有效。因此，在 SOFC 中引入阳极功能层不仅能够降压各层之间由于物理化学性能不匹配而引起的热失配应力，还能够增强电解质和电极之间的结合强度，并且增加三相界面的长度，从而提高电池的电化学性能。

许多科研人员都对阳极功能层对 SOFC 的影响进行了分析，主要集中在电池的电化学性能方面。Toshio 等研究了在燃料供给不足的情况下，阳极功能层对管式

SOFC 的电化学性能的影响。结果表明，阳极功能层在提高电池功率密度和燃料利用率等方面有着明显的效果，电池的功率密度从 0.27 W/cm^2 提高到了 0.45 W/cm^2，燃料利用率在 650 ℃和 700 ℃下分别达到了 41%和 47%。Chen 等利用浆体旋涂技术在阳极基底上制备了阳极功能层，并通过分析阳极功能层厚度与电池开路电压、欧姆电阻、I-V 特性和电极过电势之间的关系，得到了阳极功能层厚度对平板型 SOFC 气密性和电化学性能的影响。研究结果表明，随着阳极功能层厚度的增加，电池的气体密封性得到改善，但是电池的电阻增大。具体来说，当阳极功能层的厚度为 5 μm 时，相应的电池电化学性能表现较好，单个电池在 800 ℃下的功率密度可以达到 2.63 W/cm^2。Toshiaki 等研究了在 600～650 ℃的温度下，三种不同厚度的阳极功能层对 SOFC 性能的影响。结果表明随着阳极功能层厚度的增加，电池的性能随之改善，欧姆电阻和极化电阻也有所减小，这表明阳极功能层不仅可以提高电池的功率密度，还可以作为阳极基底和电解质之间良好的接触层。目前关于阳极功能层对 SOFC 力学性能方面的研究则相对较少。Jun 等制备了阳极功能层并对其在电池再氧化过程中的形貌和应力分布进行了分析。结果表明，阳极功能层和电解质界面处的应力较大，容易引起电解质脱层。Anandakumar 等将含有阳极功能层的 SOFC 与普通 SOFC 在 800 ℃热载荷下的应力分布进行了对比，结果发现含有阳极功能层的 SOFC 能够明显降低阳极的最大主应力。

1.4　界面层

由于 SOFC 的工作温度和制备温度很高，因此电池各层的材料之间可能会发生一些相互作用或相互扩散，尤其是在电解质与电极的界面之间，可能会产生界面层，这将会对电池的力学性能和电化学性能产生很大的影响。

Kawada 和 Tsoga 研究发现，当阴极材料采用 $LaSrCoO_3$ 且电解质材料采用 YSZ 时，电池在工作时阴极与电解质之间可能会发生反应，生成具有较高电阻率的 $La_2Zr_2O_7$ 或 $SrZrO_3$，从而影响电池的性能。Sakai 等研究发现，阴极材料 $La_{0.8}Sr_{0.2}CoO_3$

和 $La_{0.8}Sr_{0.2}FeO_3$ 都会和电解质材料中的掺杂稀有金属的二氧化铈发生反应，从而在电解质和阴极界面之间形成第二相。此外，他们还发现大量的过渡金属会迁移或扩散到掺杂稀有金属的二氧化铈中。

尽管阴极和电解质之间的相互作用或相互扩散受到了人们的广泛关注，但关于阳极和电解质之间的扩散现象的研究却不够充分。这可能是由于 SOFC 的阳极材料主要是由混合了金属镍的陶瓷多晶体组成的，即 Ni-YSZ，而 YSZ 与 Ni 和 NiO 之间具有良好的化学相容性。但近年来，研究人员发现金属镍和铈在电池的阳极和电解质之间也存在相互扩散的现象，即金属镍可以从阳极扩散到电解质中。Li 等采用了扫描电镜（Scanning Electron Microscope，SEM）、透射电镜（Transmission Electron Microscope，TEM）、扫描透射电镜（Scanning TEM，STEM）和能量过滤透射电镜（Energy-Filtered TEM，EFTEM）等多种技术的组合，定量地研究了在 GDC 薄膜电解质和 Ni-GDC 金属陶瓷阳极之间的界面上发生的相互扩散现象，并根据 STEM 模式下 X 射线能量色散谱（Energy-Dispersive X-ray Spectroscopy，EDX）的元素分布结果，讨论了阳极和电解质界面之间的扩散机制。

1.5 界面强度的表征方法

为了保证 SOFC 的电化学性能，电池各层之间要有良好的界面强度，避免发生界面开裂或脱层，以维持电池的机械完整性和力学稳定性。测量和分析 SOFC 的界面强度并结合电池的受力分析情况，可以为电池的材料选择、结构设计、确定外界载荷承受能力等提供指导。虽然测量 SOFC 的界面强度具有实际意义，但目前还没有标准的测量方法，所以研究人员只能通过不同的方法来估计电池中各界面之间的强度。

SOFC 半电池系统包括电解质-阳极或电解质-阴极，属于薄膜-基底系统，因此研究人员通常将半电池作为研究对象来分析其界面强度。根据薄膜和基底的刚度进行划分，薄膜-基底系统包括韧性薄膜-脆性基底、韧性薄膜-韧性基底、脆性薄膜-

韧性基底和脆性薄膜-脆性基底四种类型；根据薄膜和基底的强度来划分，薄膜-基底系统包括硬质薄膜-基底系统和软质薄膜-基底系统两种类型。对于不同类型的薄膜-基底系统，其相应的界面强度测试方法是不同的，因此没有一种方法能够适用于所有薄膜-基底系统界面强度的测试。目前测量薄膜-基底系统界面强度的方法主要包括拉伸法、划痕法、压痕法、剥离法等。

拉伸法的测量原理如图 1.16（a）所示，将试样与拉伸杆用胶粘接在一起并在试验机上进行拉伸直至薄膜与基体分离，此时的载荷与薄膜面积之比，即为薄膜与基体之间的界面强度。拉伸法的适用范围很广泛，但并不能用来测量 SOFC 半电池系统的界面强度，主要有三方面原因。第一，粘接剂可能会从多孔电极层渗透到需要测量强度的界面中，从而导致测量结果偏离实际值。第二，拉伸法可测量的界面强度受粘接强度的限制，粘接剂的强度通常小于 80 MPa，低于 SOFC 中许多界面的强度。第三，实验中可能会发生力的方向与试样轴心偏离的情况，这会导致断裂发生在除界面以外的其他地方，从而影响实验的结果。划痕法的测量原理是将施加了垂直载荷的压头在薄膜上以一定速度刮划，将薄膜从基底上剥离时的载荷作为界面强度的判据，如图 1.16（b）所示。划痕法主要应用于硬质薄膜-基底系统，其测量的结果反映的是局部范围内的薄膜-基体界面强度，测量结果较为分散；且其失效形式较为复杂，很难建立相应的力学模型，因此划痕法仅能作为薄膜-基底系统界面强度的定性描述。由于 SOFC 半电池系统属于脆性薄膜-脆性基底系统，当施加的载荷导致界面分层的同时可能也会引起基底开裂，进而导致试样破裂。因此，对于 SOFC 半电池这种脆性薄膜-脆性基底系统，很难通过划痕法测得界面分层的临界载荷。压痕法包括界面压入法和表面压入法两种。界面压入法（图 1.16（c））针对薄膜较厚的薄膜-基底系统界面强度的测量；表面压入法（图 1.16（d））针对薄膜较薄的薄膜-基底系统界面强度的测量。由于 SOFC 半电池系统的电解质薄膜很薄，所以测量其界面强度只能用表面压入法。由于半电池系统属于脆性薄膜-脆性基底系统，若使用硬质楔形压头压入薄膜，试样中很可能出现扩展的宏观裂纹。但如果使用硬质钝头压入薄膜，由于钝头产生的应力不强烈，而且试样基底的多孔性会使宏观裂纹的扩展发生偏转，所以试样中并不会产生扩展的宏观裂纹。因此，对于 SOFC 半电池系统，使用硬质球形压头进行压痕实验可以测量其界面强度。但该方法也存在一定的缺点，即 SOFC 电解质薄膜的失效起始点难以准确判别，而且电极材料、电池界面几何特性、电解质薄膜断裂特性等都会影响测量结果。

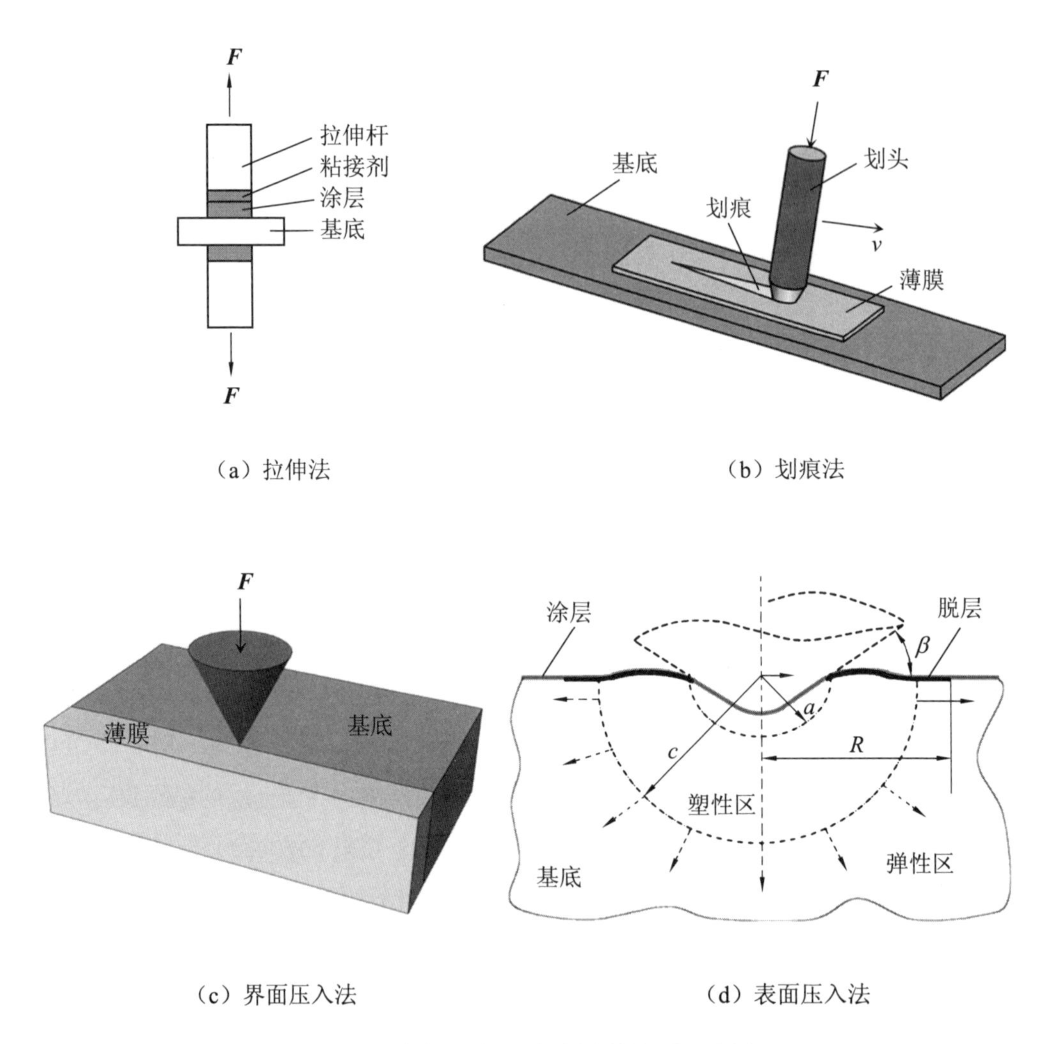

图 1.16　薄膜-基底界面强度测量方法示意图

剥离法也常用于薄膜-基底系统界面强度的测量，其原理如图 1.17 所示。以某一角度对薄膜的一端施加拉力 P 直到薄膜从基底上剥离，此时的拉力 P 与薄膜宽度 b 之比即可用来表征系统的界面强度。剥离法不受薄膜厚度的影响，可以为不同类型的薄膜-基底系统进行界面强度的测试。值得注意的是，剥离法不仅可以用来测试平板状界面的强度，还可以测试波纹状界面的强度，这是压痕法、拉伸法等其他界面强度测试方法所不能做到的。但剥离法也存在一些缺点，比如剥离过程不易控制，因此测量数据的准确性很难保证。另外，剥离法不适合界面强度大于薄膜或基底材料内聚强度的情况。本书采用了剥离法来分析波纹状 SOFC 半电池系统的界面强度。目前剥离法的理论模型已经较为成熟，许多研究人员都对此进行了深入的研究。Kinloch 等分析了柔性层合板在剥离过程中由于弯曲和拉伸变形而产生的能量耗散机制，并结合断裂能的计算反映了界面结合力的破坏能量，以及在塑性区或黏弹性区剥离前的局部耗散能量。Gent 和 Hamed 等研究了基底上弹塑性薄膜的剥离，并给出了临界剥离力作为薄膜厚度的函数。Kim 等推导了纯弯曲载荷作用下剥离过程中的弯曲力矩与弹塑性薄膜曲率之间的关系，并利用基于有限变形理论的有限元方法对剥离过程进行了数值模拟。Wei 和 Hutchinson 采用内聚力模型分析了黏弹性基底上的弹塑性薄膜的稳态剥离，得出了剥离力与黏附功和界面强度之间的关系。基于弯曲模型和内聚力模型，Wei 提出了双参数准则来预测基体上韧性薄膜的非线性剥离行为。另外，由于表面粗糙度对薄膜和基底之间的界面强度有着显著的影响，波纹状界面的薄膜-基底系统的理论模型也逐渐受到关注。Fuller 和 Tabor 基于表面粗糙度的高斯分布假设，建立了薄膜-基底系统的理论模型，并利用 JKR 模型以及根据每一个单独的粗糙度来获得整个系统的接触力，这成为了薄膜-基底系统界面强度测量的开创性研究。之后，研究人员又通过引入有效粘接能来分析波纹状界面的薄膜-基底系统的界面强度。结果表明，表面粗糙度是否能够增加薄膜和基底之间的界面强度，取决于薄膜中增加的黏着力与储存在薄膜中的弯曲弹性能之间的关系。

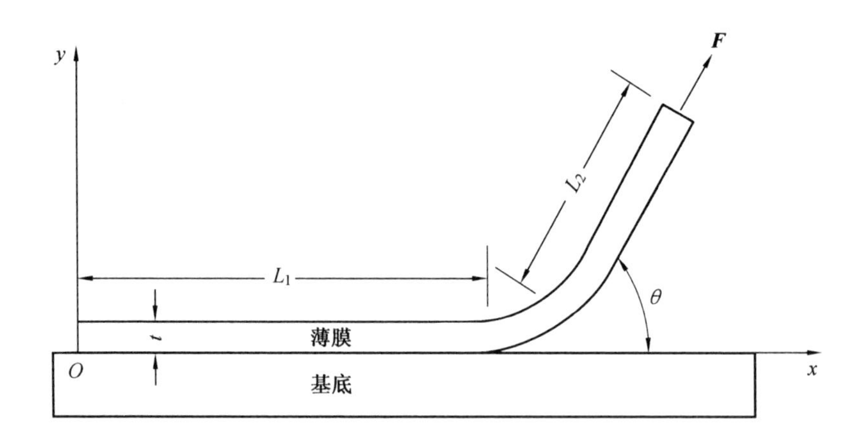

图 1.17　剥离法测量薄膜-基底系统界面强度示意图

1.6　本章小结

基于以上对 SOFC 的概述可知，电池的稳定性和耐久性是制约其商业化的主要因素，所以降低电池在热循环过程中的热应力、提高电池的功率密度仍是目前 SOFC 研究的主要方向。为此，本书从结构优化的角度，基于阳极功能层、界面层和波纹型 SOFC 等概念，提出了减小电池热应力、增大电池功率密度的几种方案。本书通过理论推导和数值模拟的方法，主要研究了以下内容。

（1）为了减小 SOFC 在热循环过程中产生的热应力，本书在阳极支撑型 SOFC 中引入阳极功能层，并基于分层法的思想将阳极功能层划分成不同数目的子层，相邻层之间的材料属性和厚度均按指数函数变化。改变阳极功能层子层数目，同时控制各子层的材料组成和厚度，以此来研究燃料电池在 800 ℃下的热应力分布，并得出使热应力最小化的阳极功能层的优化方案。

（2）SOFC 在工作过程中，电极与电解质界面处粒子的相互扩散会在电极和电解质之间形成界面层。界面层的存在对 SOFC 的力学性能和电化学性能有着重要的影响。本书根据界面层的形成机理和组分分布，确定了界面层的材料属性，推导出电极与电解质之间包括切应力和剥离应力在内的热应力解析表达式，比较了阳极-电解质界面和阴极-电解质界面之间的界面热应力水平，讨论了界面层厚度对界面热应力的影响。

（3）波纹型 SOFC 是由平板型 SOFC 演化而来的，其凭借较长的三相界面长度能够提高电池的功率密度，但目前对于波纹型 SOFC 界面强度的理论研究还很有限。本书以半阳极支撑波纹型 SOFC 为研究对象，采用剥离法并通过作用在电解质薄膜上的剥离力来表征电解质薄膜与阳极基底之间的界面强度。基于势能原理和半电池系统的第一变分原理，用抛物线函数来表征波纹状的界面形态，并推导出不同剥离角下剥离力的解析解。此外，本书还比较了用正弦形函数和抛物线形函数描述的界面形态所对应的剥离力的变化趋势和极值，并在确定的几何参数范围内，明确了提高界面强度的最佳波纹状形貌的形函数。

（4）SOFC 中的脱层和裂纹扩展等力学问题会对电池的耐久性和稳定性产生很大的影响。本书研究了波纹型 SOFC 的裂纹萌生和扩展，并与平板型 SOFC 进行了比较。分析有限元模拟对平板型和波纹型 SOFC 在冷却过程中的应力分布，以确定电池内部可能萌生裂纹的位置。之后，将边缘裂纹和中间裂纹作为预裂纹引入两种类型电池的阳极-电解质界面，来分析和比较两种电池的裂纹扩展情况。结果表明，与平板型 SOFC 相比，波纹型 SOFC 能够抑制界面裂纹的扩展，减小界面脱层发生的可能性。

第2章　阳极功能层的结构参数对电池热应力的影响

2.1　概述

在热载荷的作用下，SOFC 的稳定性和耐久性会受到其力学性能的影响。由于 SOFC 通常在 1 400 ℃的高温下制备而成，那么电池在该制备温度下即处于零应力状态。所以当 SOFC 从制备温度冷却到室温时，电池内部就会产生残余热应力。除了制备过程中产生的残余热应力，SOFC 在工作过程中的热应力还来自于电池各层之间的热失配应力、空间或时间上的温度梯度等，而且这些热应力会随着材料性能、运行条件和电池的几何结构而变化。由于电池在工作时会产生热循环，而在此过程中产生的热应力如果过大，就会使得电池的薄弱部位发生开裂、脱层甚至整体失效，因此通过优化 SOFC 结构来降低电池的热应力对电池的稳定性和耐久性都具有重要意义。

为了降低 SOFC 的热应力水平，提高电池的电化学性能，研究人员将功能梯度层（Functionally Graded Layer，FGL）引入电池中。由于功能梯度材料的材料属性在某个方向呈连续或阶梯变化，在 SOFC 中引入功能梯度层可以降低电池内各层之间的物理及化学性质的不匹配程度，从而减轻层间的热失配应力，进一步可通过增加三相界面（Tripe Phase Boundary，TPB）的长度来提高电池的电化学性能。此外，电解质与电极之间的结合强度也可以得到增强，从而提高了电池的稳定性。因此，一些研究人员将电极制备成连续梯度层。实验结果表明，连续梯度电极的极化电阻与普通电极相比更小，相应电池的功率密度比普通电池更高。但是，由于连续梯度层的材料成分分布是连续变化的，因此其制备过程比较复杂，故而我们需要对连续梯度层进行简化，以降低电池的制备成本。Wang 等首先提出了分层模型理论，即将连续梯度层划分为几个子层且各子层的材料参数按照连续函数变化，这样的分层模型在功能梯度结构的裂纹分析中取得了很好的效果。之后，其他研究人员利用分层模型理论分析了 SOFC 的热力学行为和电化学行为。Müller 等将 SOFC 的阳极分成了三层，各层中 Ni 的摩尔百分比和粒子大小呈梯度变化。电化学实验结果表明，该阳极结构能够显著降低电池的极化电阻，提高电池的电化学性能。Kong 等在电池的阳极基底层和电解质层之间增加了梯度结构的阳极功能层（Anode Functional Layer，AFL），并研究了不同厚度和材料组分的阳极功能层对 SOFC 的影响。结果表明，当阳极功能层厚度为 40～50 μm 时，最利于 SOFC 的电化学反应。Anandakumar 等将含有阳极功能层的 SOFC 与普通 SOFC 在 800 ℃热载荷下的应力分布进行了对比，结果发现含有阳极功能层的 SOFC 能够明显降低阳极的最大主应力，减小电池的失效概率，延长电池使用寿命。

目前，大部分关于含有功能梯度层 SOFC 的研究没有考虑功能层分层数目和各子层厚度及材料组分变化规律对电池热应力的影响。本书基于分层法的思想，在阳极支撑型 SOFC 中引入阳极功能层，并将其划分成不同数目的子层，相邻层之间的材料属性和厚度均按照指数函数进行变化。改变阳极功能层子层数目，同时控制各子层的材料组成和厚度，以此来研究燃料电池在 800 ℃下的热应力分布，并得出促使热应力最小化的阳极功能层的优化方案。

2.2　电池模型

2.2.1　几何模型

采用有限元软件 ABAQUS，对含有阳极功能层的阳极支撑型 SOFC 在 800 ℃热载荷作用下的应力分布进行了数值模拟。由于单电池的结构是对称的，基于半对称边界条件，采用二维模型对其进行模拟。图 2.1 给出了 SOFC 单元的二维模型示意图，详细的几何尺寸和边界条件已在图中标出。由于边界条件的对称性，模型 x=0

处在 x 方向的位移为零，同时约束原点处 y 方向的位移。本书仅对平面应变问题进行分析。

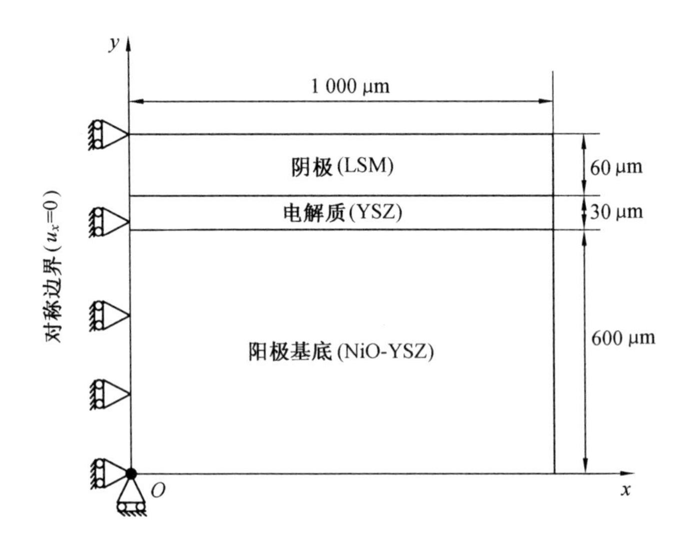

（a）典型的阳极支撑型 SOFC

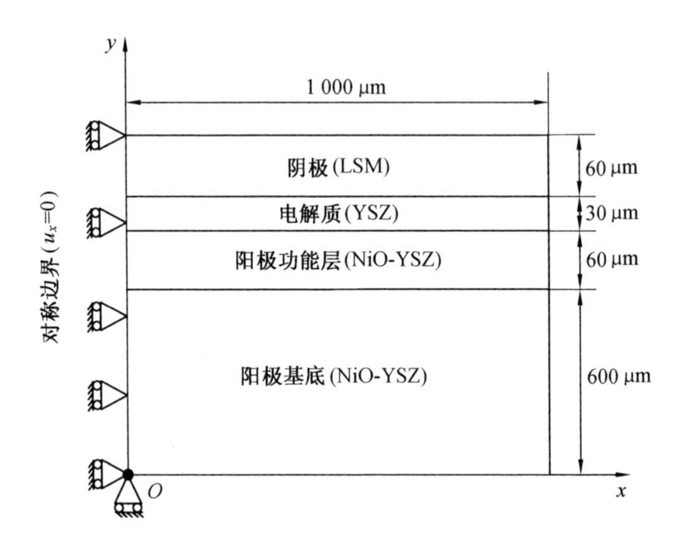

（b）带有阳极功能层的 SOFC

图 2.1　SOFC 单元的二维模型示意图

典型的阳极支撑型 SOFC 包含阳极基底、电解质和阴极三个部分，在本书的分析中其厚度分别为 600 μm、30 μm 和 60 μm，如图 2.1（a）所示。图 2.1（b）给出了包含阳极功能层的 SOFC 结构示意图，阳极、阳极功能层、电解质和阴极的厚度分别为 600 μm、60 μm、30 μm 和 60 μm。为了对 SOFC 的结构进行优化，我们将阳极功能层划分为 m 个子层（m=1～5 且 m 为整数）。

阳极功能层的分层情况示意图如图 2.2 所示，其中每个子层都有相应的名称 m_i，NiO 体积分数 V_i 以及子层厚度 t_i。下标 i 表示阳极功能层的序号，其中 m_1 层是直接接触电解质的子层。由于各子层的材料组成和厚度呈梯度变化，因此需要研究阳极功能层子层数目、材料组成和子层厚度对电池热应力分布的影响。考虑到 SOFC 制备过程中产生的残余热应力，根据 Yakabe 等和 Fan 等的研究分析，电池在制备温度 1 400 ℃下处于零应力状态。

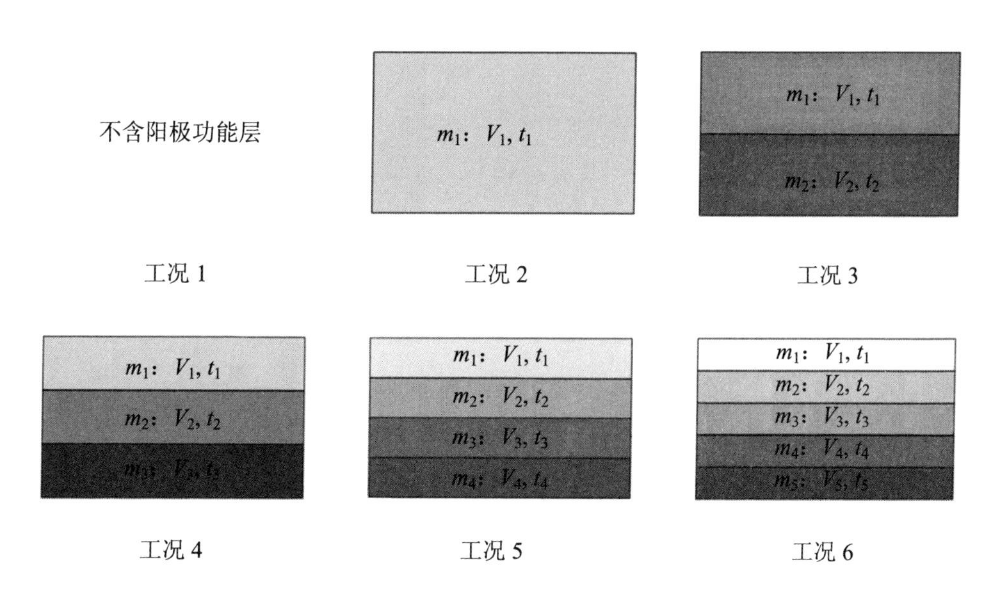

图 2.2　阳极功能层的分层情况示意图

在进行有限元分析时，本书采用四节点、双线性二维单元对模型进行网格划分，整个模型包含 34 000 个单元和 34 441 个节点。为了保证计算的准确性，在电池厚度方向上将网格划分得很密，阴极、电解质和阳极基底在厚度方向分别包含 40 个、40 个和 200 个单元。当将阳极功能层划分成 m 个子层时，无论子层厚度如何变化，都保证每个子层在厚度方向包含至少两个单元。SOFC 有限元模型的网格示意图如图 2.3 所示。

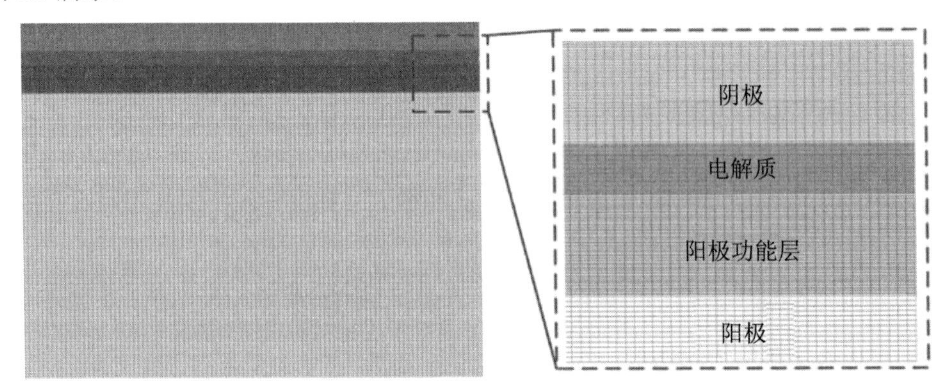

（a）当 m=1 时电池的网格划分情况

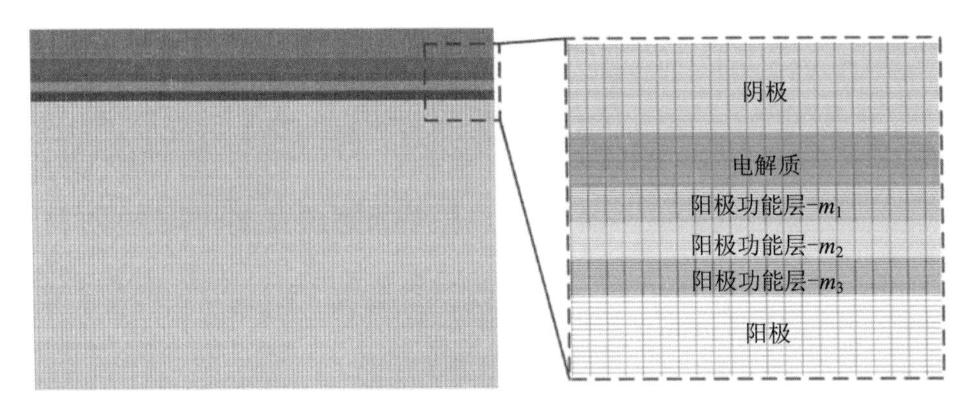

（b）当 m=3 时电池的网格划分情况

图 2.3　SOFC 有限元模型的网格示意图

2.2.2　材料模型

SOFC 中的阴极和电解质材料分别采用锰酸锶镧（$La_{0.8}Sr_{0.2}MnO_3$，LSM）和氧化钇稳定的氧化锆（Yttria-Stabilized Zirconia，YSZ）。阳极基底采用还原前的

NiO-YSZ，且 NiO 的体积分数为 80%。所有的电池材料均采用线弹性、各向同性模型，且材料属性随温度变化。表 2.1 给出了 SOFC 的电极与电解质及 NiO 在室温、工作温度和制备温度下的材料属性。根据线性插值原理，在 ABAQUS 中材料属性在给定的温度区间内呈线性变化。

表 2.1　SOFC 的电极与电解质及 NiO 在室温、工作温度和制备温度下的材料属性

材料	弹性模量/GPa		泊松比 μ		热膨胀系数/$\times 10^{-6}$		
	20 ℃	800 ℃	20 ℃	800 ℃	20 ℃	800 ℃	1 400 ℃
NiO-YSZ	127.3	105.5	0.33	0.33	11.77	12.42	12.51
YSZ	196.3	148.6	0.30	0.31	7.6	10.0	10.5
LSM	41.3	48.3	0.33	0.33	9.8	11.8	11.8
NiO	110	90	0.34	0.34	13.0	13.0	13.1

基于分层模型理论，阳极功能层各子层的材料属性呈阶梯状变化，且同一层的材料属性相同，每一层的材料属性取其中心点处对应的值，如图 2.4 所示。对于每一层材料属性的控制可以通过不同的函数表达式来实现，为了保证模型中相邻层之间的材料属性有较好的连续性，材料属性通常按指数函数变化。

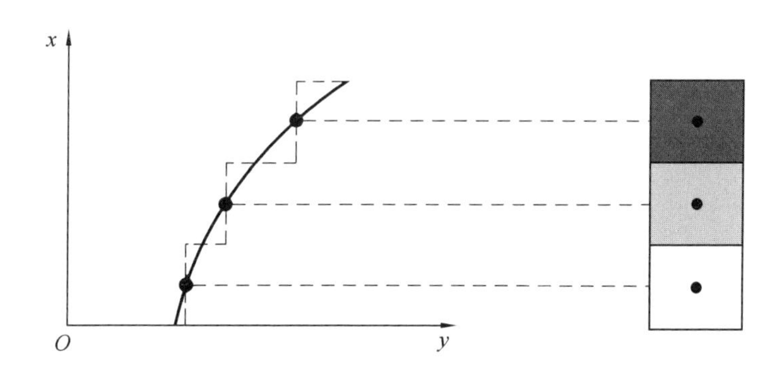

图 2.4　材料属性呈阶梯状变化时材料的模型示意图

本书通过控制阳极功能层每个子层中 NiO 的体积分数，来实现各子层之间材料属性的梯度变化。阳极功能层各子层的 NiO 体积分数 V_i 与该子层的位置之间存在指数关系，即

$$V_i = V_0 \left(\frac{h_i}{h_{\mathrm{AFL}}} \right)^{n_1} \tag{2.1}$$

其中，h_i 为任意子层中面与界面层（阳极功能层与电解质的界面）沿厚度方向的距离，当阳极功能层被划分成两个子层（即 m=2）时，h_i 的相对位置示意图如图 2.5（a）所示；h_{AFL} 是阳极功能层厚度，其数值为 h_{AFL}=60 μm；V_0 为体积分数系数；n_1 为非线性组分梯度指数。

图 2.5（b）给出了当 n_1 取不同值时，阳极功能层子层中 NiO 的体积分数和该子层的相对位置之间的关系。其中当 n_1=1 时，各子层之间的材料属性呈线性变化。

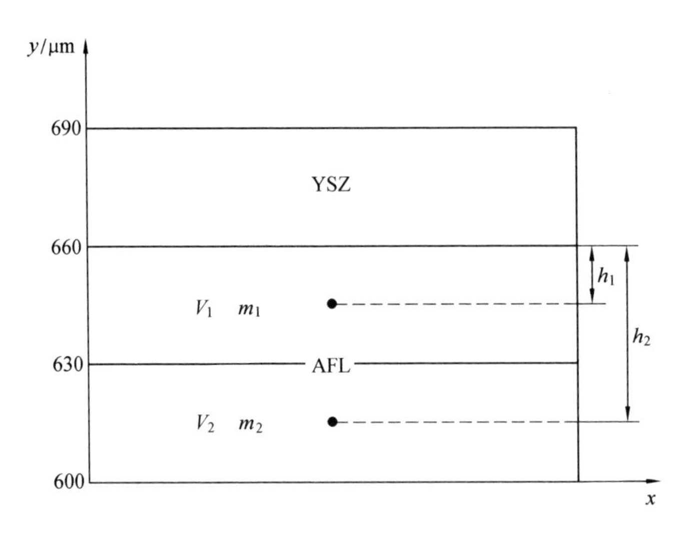

（a）当 m=2 时，h_i 的相对位置示意图

图 2.5　阳极功能层的组分梯度示意图

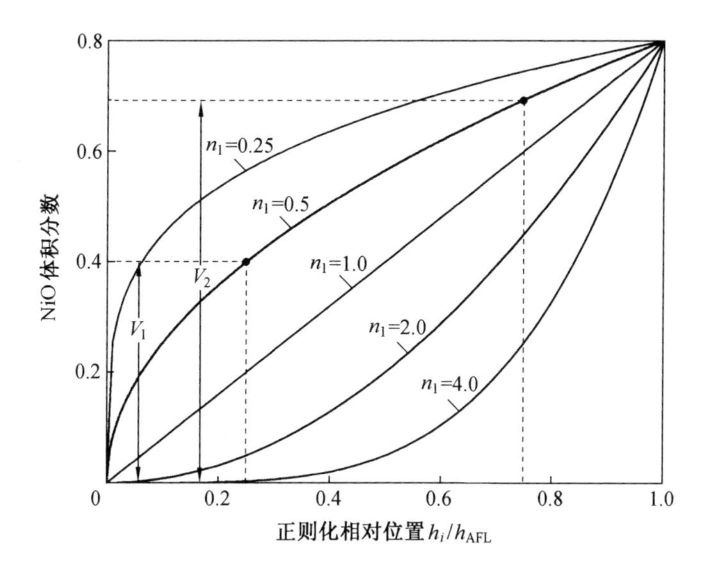

（b）阳极功能层子层的相对位置与其 NiO 体积分数的指数关系

续图 2.5

此外，由于阳极基底中 NiO 的体积分数为 80%，那么当 h_i=60 μm 时，即

$$\frac{h_i}{h_{\mathrm{AFL}}}=1$$

则 V_i=0.8，由此可以得出式（2.1）中体积分数系数 V_0=0.8。将上述结果代入式（2.1），可得到阳极功能层各子层的 NiO 体积分数 V_i 与子层的相对位置 h_i 的关系式为

$$V_i=0.8\left(\frac{h_i}{60}\right)^{n_1} \tag{2.2}$$

另外，阳极功能层各子层的厚度 t_i 和子层总数 m 之间也存在着指数关系，即

$$t_i=t_0\left(\frac{m_i}{m}\right)^{n_2} \tag{2.3}$$

其中，m_i 为第 i 个子层（i=1～5）；t_0 为厚度系数；n_2 为非线性厚度梯度指数。当 n_2 取不同值时，各子层厚度 t_i 和子层总数 m 之间关系如图 2.6 所示。从图中可以看出，当 n_2=1 时，各子层的厚度是相同的。此外，对于厚度系数 t_0，由于当 m_i=m 时，t_i

即为阳极功能层的总厚度，由此可以得出 t_0=60 μm。因此，式（2.3）可转化为

$$t_i = 60\left(\frac{m_i}{m}\right)^{n_2} \tag{2.4}$$

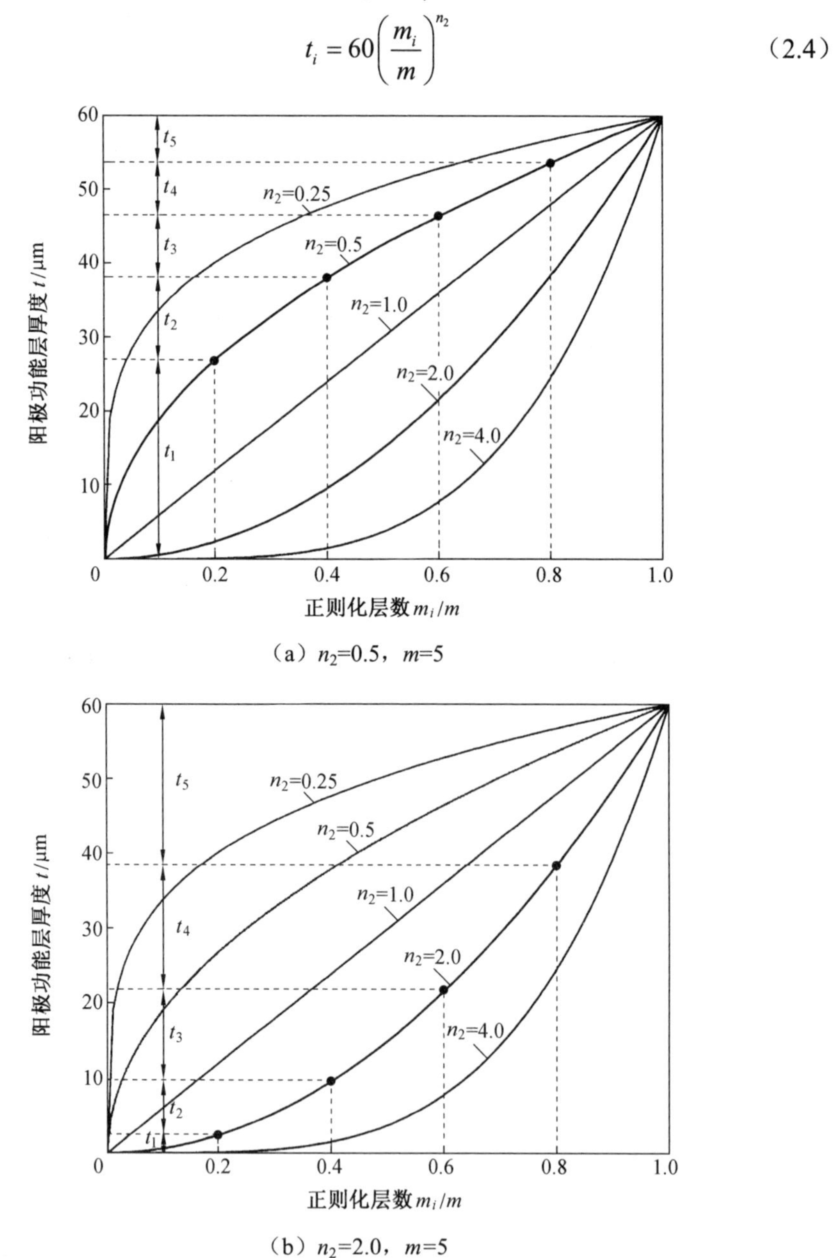

（a）n_2=0.5，m=5

（b）n_2=2.0，m=5

图 2.6　非线性厚度梯度指数 n_2 取不同值时，阳极功能层各子层厚度 t_i 和子层总数 m 之间关系

本书基于五种阳极功能层子层的分层情况，将子层的组分梯度和厚度梯度结合起来，组分梯度指数 n_1 和厚度梯度指数 n_2 分别取 0.5、1.0 和 2.0 三个数值。组分梯度指数 n_1、厚度梯度指数 n_2 和子层总数 m 为表征阳极功能层性能的重要结构参数。对于不同的阳极功能层结构参数，各子层的厚度和 NiO 体积分数分布情况如图 2.7 所示。其中以图 2.7（a）为例，当 n_1=0.5 且 n_2=0.5 时，若阳极功能层仅有一层，则其厚度为 0.06 mm，根据式（2.2）计算得到 NiO 的体积分数为 56%。而当阳极功能层被分为两层时，靠近电解质层的子层为第一个子层，两个子层的厚度分别为 0.04 mm 和 0.02 mm，根据式（2.2）计算得到 NiO 的体积分数分别为 40%和 69%。

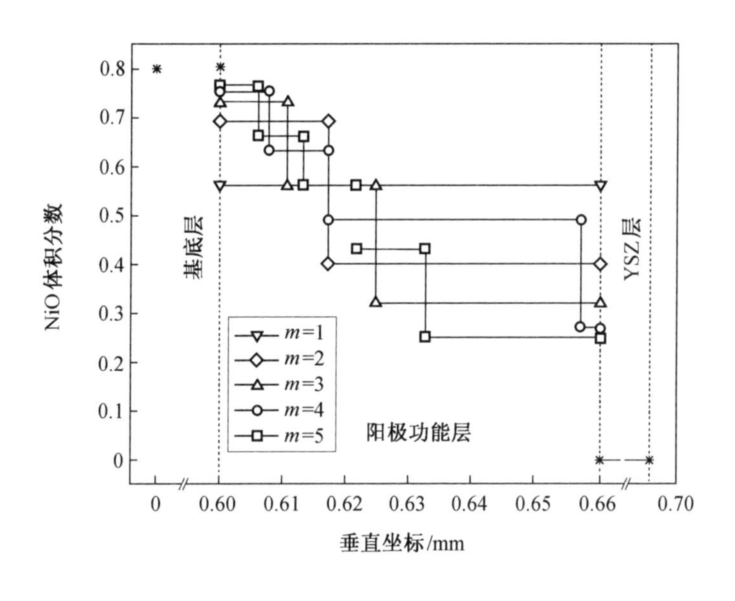

（a）n_1=0.5，n_2=0.5

图 2.7　不同分层情况及梯度指数下，阳极功能层各子层的厚度及 NiO 体积分数分布情况

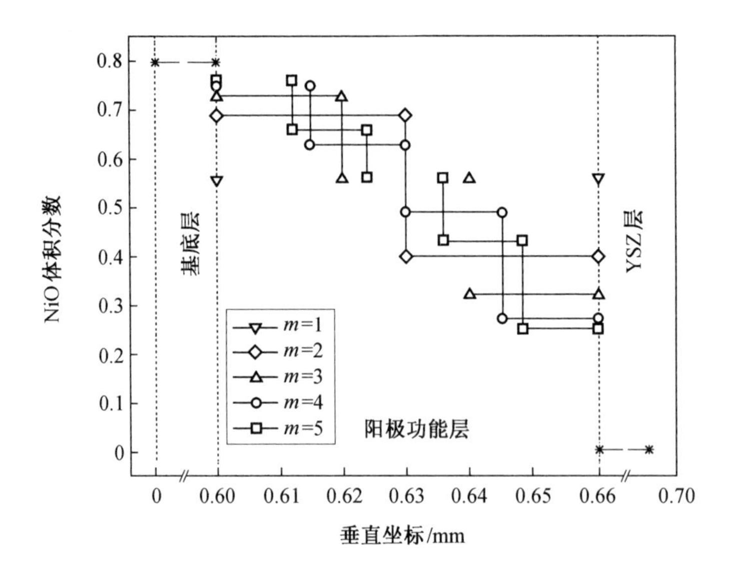

（b）n_1=0.5，n_2=1.0

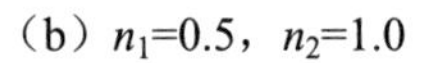

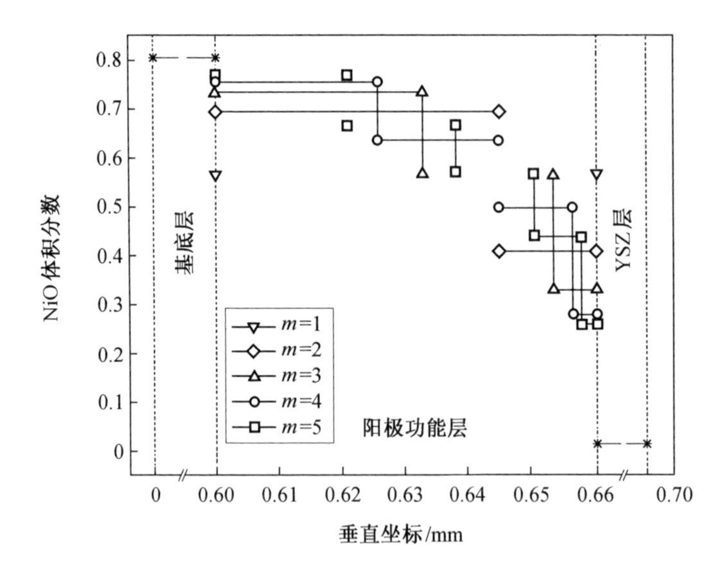

（c）n_1=0.5, n_2=2.0

续图 2.7

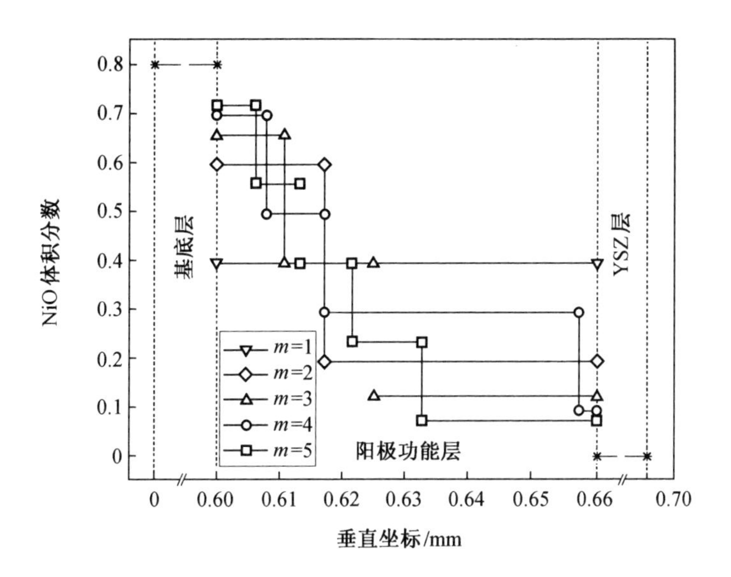

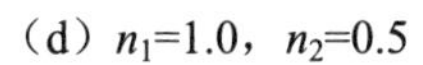
（d）n_1=1.0，n_2=0.5

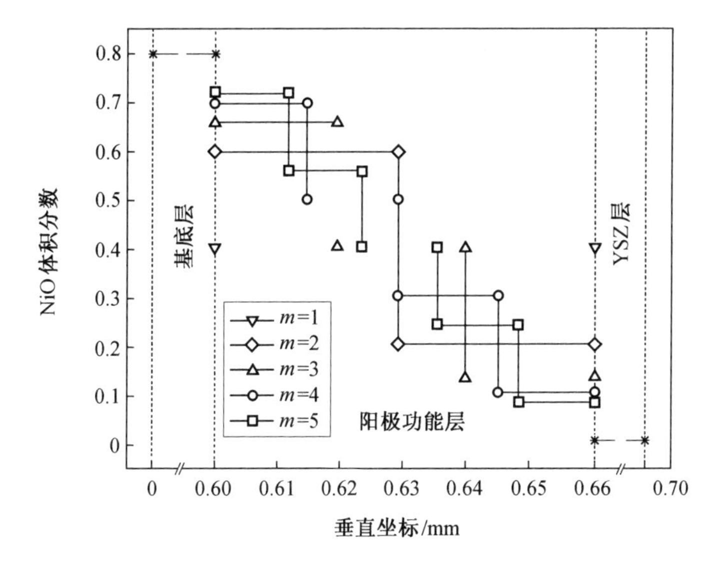

（e）n_1=1.0，n_2=1.0

续图 2.7

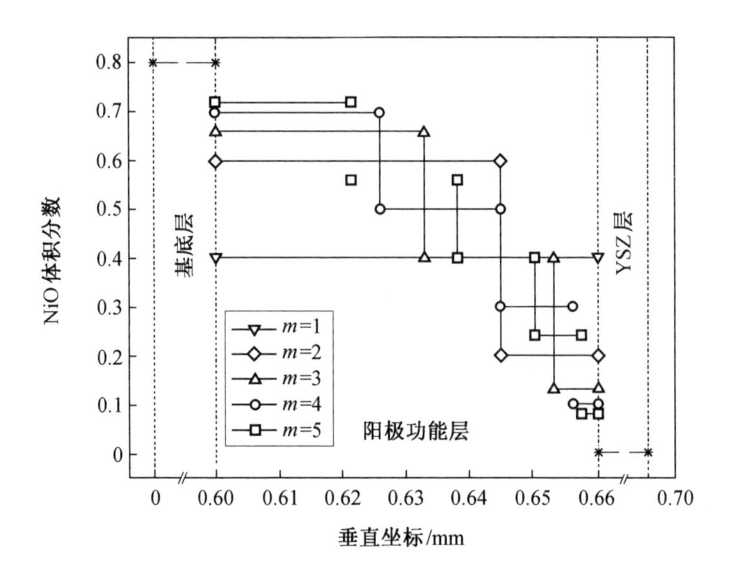

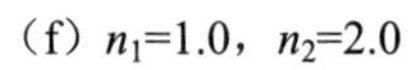
（f）n_1=1.0，n_2=2.0

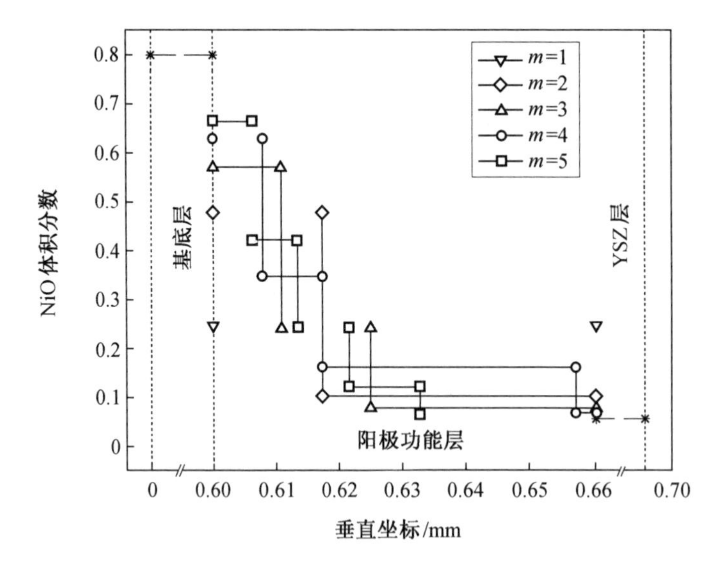

（g）n_1=2.0，n_2=0.5

续图 2.7

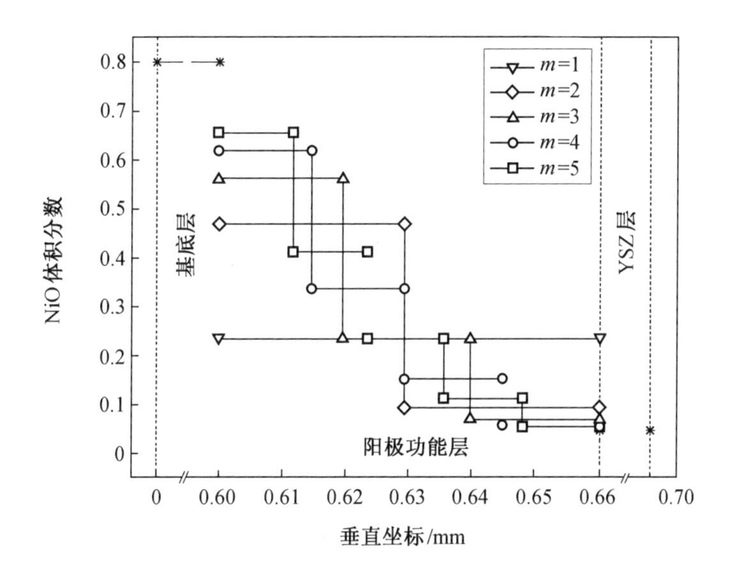

（h）n_1=2.0，n_2=1.0

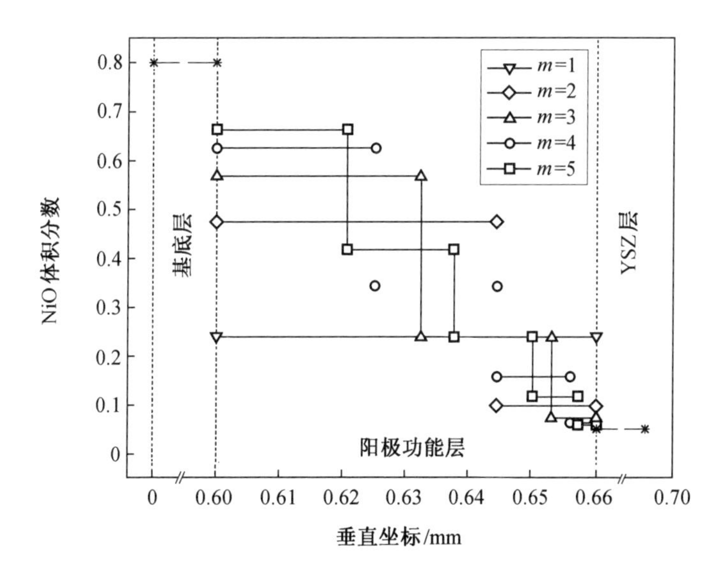

（i）n_1=2.0，n_2=2.0

续图 2.7

2.2.3 阳极功能层的材料属性

阳极功能层是由 NiO 和 YSZ 按照一定的体积分数组成的，NiO 和 YSZ 的材料属性如表 2.1 所示。根据 Hsieh 和 Tuan 的模型，NiO-YSZ 的材料属性值的上限和下限可以通过 NiO 和 YSZ 的材料属性和体积分数来确定，基于此我们可以得到不同 NiO 体积分数的 NiO-YSZ 的弹性模量、泊松比和热膨胀系数。NiO-YSZ 弹性模量的上限可以表示为

$$E^{\text{upper}}=\frac{[(1+c+c^2)E_1E_2+cE_1^2][(1-\mu_1)E_2+c(1-\mu_2)E_1]-2c^2E_1(\mu_1E_2-\mu_2E_1)^2}{(1+c)\{(cE_2+E_1)[(1-\mu_1)E_2+c(1-\mu_2)E_1]-2c(\mu_1E_2-\mu_2E_1)^2\}} \tag{2.5}$$

其中，E_1 和 μ_1 分别为 YSZ 的弹性模量和泊松比；E_2 和 μ_2 分别为 NiO 的弹性模量和泊松比。另外 $c=\left(\frac{1}{V}\right)^{0.5}-1$，其中 V 是 NiO 的体积分数。

NiO-YSZ 弹性模量的下限可以表示为

$$E^{\text{lower}}=\frac{(1+c+c^2)E_1E_2+cE_1^2}{(1+c)(cE_2+E_1)} \tag{2.6}$$

NiO-YSZ 泊松比的上限可以表示为

$$\mu^{\text{upper}}=\frac{c(1+c)\mu_1E_2+(c\mu_1+\mu_2)E_1}{(1+c)(cE_2+E_1)} \tag{2.7}$$

NiO-YSZ 泊松比的下限可以表示为

$$\mu^{\text{lower}}=\frac{[c(1+c)\mu_1E_2+(c\mu_2+\mu_1)E_1][(1-\mu_1)E_2+c(1-\mu_2)E_1]}{(1+c)\{(cE_2+E_1)[(1-\mu_1)E_2+c(1-\mu_2)E_1]-2c(\mu_1E_2-\mu_2E_1)^2\}}+\frac{c(\mu_1E_2-\mu_2E_1)[(1-\mu_2)E_1-(1-\mu_1)E_2-2c\mu_1(\mu_1E_2+\mu_2E_1)]}{(1+c)\{(cE_2+E_1)[(1-\mu_1)E_2+c(1-\mu_2)E_1]-2c(\mu_1E_2-\mu_2E_1)^2\}} \tag{2.8}$$

NiO-YSZ 热膨胀系数的上限可以表示为

$$\alpha^{\text{upper}}=\frac{A+c\alpha_1E_1}{B+cE_1} \tag{2.9}$$

其中，α_1 和 α_2 分别为 YSZ 和 NiO 的热膨胀系数；系数 A 和 B 分别表示为

$$A=\frac{E_1E_2\{(c\alpha_1+\alpha_2)[(1-\mu_1)E_2+c(1-\mu_2)E_1]+2c(\alpha_1-\alpha_2)(\mu_1E_2-\mu_2E_1)\}}{(cE_2+E_1)[(1-\mu_1)E_2+c(1-\mu_2)E_1]-2c(\mu_1E_2-\mu_2E_1)^2} \quad (2.10)$$

$$B=\frac{(c+1)E_1E_2[(1-\mu_1)E_2+c(1-\mu_2)E_1]}{(cE_2+E_1)\left[(1-\mu_1)E_2+c(1-\mu_2)E_1\right]-2c(\mu_1E_2-\mu_2E_1)^2} \quad (2.11)$$

NiO-YSZ 热膨胀系数的下限可以表示为

$$\alpha^{\text{lower}}=\frac{(c\alpha_1+\alpha_2)E_1E_2+c\alpha_1E_1(cE_2+E_1)}{(c+1)E_1E_2+cE_1(cE_2+E_1)} \quad (2.12)$$

通过确定各材料属性的上限值和下限值，根据平均原则就可以确定各材料属性的具体值，因此含有不同体积分数 NiO 的 NiO-YSZ 的弹性模量、泊松比和热膨胀系数可以分别表示为

$$E=\frac{E^{\text{upper}}+E^{\text{lower}}}{2} \quad (2.13)$$

$$\mu=\frac{\mu^{\text{upper}}+\mu^{\text{lower}}}{2} \quad (2.14)$$

$$\alpha=\frac{\alpha^{\text{upper}}+\alpha^{\text{lower}}}{2} \quad (2.15)$$

根据式（2.5）～（2.15），可以得到阳极功能层各子层在不同分层情况和组分梯度指数 n_1 下的材料属性，见表 2.2～2.4。以表 2.2 为例，当阳极功能层的组分梯度指数为 n_1=0.5 且阳极功能层被分为两个子层即 m=2 时，各子层在 20 ℃下的弹性模量分别为 165.60 GPa 和 137.30 GPa；在 800 ℃下的弹性模量分别为 139.79 GPa 和 114.38 GPa。

表 2.2　不同分层情况下阳极功能层各子层的材料属性（n_1=0.5）

m	m_i	弹性模量/GPa		泊松比 μ		热膨胀系数/$\times 10^{-6}$		
		20 ℃	800 ℃	20 ℃	800 ℃	20 ℃	800 ℃	1 400 ℃
1	m_1	149.57	125.37	0.33	0.33	10.46	11.81	11.86
2	m_1	165.60	139.79	0.33	0.33	9.64	11.44	11.47
	m_2	137.30	114.38	0.33	0.33	11.15	12.13	12.20
3	m_1	174.11	147.48	0.33	0.33	9.25	11.26	11.29
	m_2	149.57	125.37	0.33	0.33	10.46	11.81	11.86
	m_3	133.64	111.10	0.33	0.33	11.37	12.23	12.30
4	m_1	179.65	152.50	0.33	0.33	9.00	11.14	11.17
	m_2	156.44	131.54	0.33	0.33	10.10	11.64	11.69
	m_3	142.89	119.39	0.33	0.33	10.82	11.98	12.04
	m_4	131.83	109.48	0.32	0.33	11.48	12.29	12.36
5	m_1	181.92	154.56	0.33	0.33	8.91	11.10	11.12
	m_2	162.50	137.00	0.33	0.33	9.79	11.51	11.55
	m_3	149.57	125.37	0.33	0.33	10.46	11.81	11.86
	m_4	140.08	116.87	0.33	0.33	10.98	12.06	12.12
	m_5	130.92	108.67	0.33	0.33	11.54	12.31	12.39

表 2.3　不同分层情况下阳极功能层各子层的材料属性（n_1=1.0）

m	m_i	弹性模量/GPa		泊松比 μ		热膨胀系数/$\times 10^{-6}$		
		20 ℃	800 ℃	20 ℃	800 ℃	20 ℃	800 ℃	1 400 ℃
1	m_1	165.60	139.79	0.33	0.33	9.64	11.44	11.47
2	m_1	187.75	159.86	0.33	0.33	8.66	10.99	11.00
	m_2	145.73	121.93	0.33	0.33	10.66	11.91	11.96
3	m_1	196.37	167.74	0.33	0.33	8.31	10.83	10.84
	m_2	165.60	139.79	0.33	0.33	9.64	11.44	11.47
	m_3	140.08	116.87	0.33	0.33	10.98	12.06	12.12

续表 2.3

m	m_i	弹性模量/GPa		泊松比 μ		热膨胀系数/$\times 10^{-6}$		
		20 ℃	800 ℃	20 ℃	800 ℃	20 ℃	800 ℃	1 400 ℃
4	m_1	200.28	171.32	0.33	0.33	8.16	10.76	10.77
	m_2	176.31	149.47	0.33	0.33	9.15	11.21	11.24
	m_3	155.44	130.65	0.33	0.33	10.15	11.67	11.71
	m_4	136.38	113.56	0.33	0.33	11.20	12.16	12.22
5	m_1	202.97	173.81	0.32	0.33	8.05	10.71	10.72
	m_2	183.07	155.60	0.33	0.33	8.86	11.08	11.10
	m_3	165.60	139.79	0.33	0.33	9.64	11.44	11.47
	m_4	149.57	125.37	0.33	0.33	10.46	11.81	11.86
	m_5	134.55	111.92	0.33	0.33	11.31	12.21	12.28

表 2.4 不同分层情况下阳极功能层各子层的材料属性（n_1=2.0）

m	m_i	弹性模量/GPa		泊松比 μ		热膨胀系数/$\times 10^{-6}$		
		20 ℃	800 ℃	20 ℃	800 ℃	20 ℃	800 ℃	1 400 ℃
1	m_1	187.75	159.86	0.33	0.33	8.66	10.99	11.00
2	m_1	207.19	177.70	0.32	0.33	7.89	10.63	10.64
	m_2	160.46	135.16	0.33	0.33	9.89	11.55	11.59
3	m_1	210.91	181.17	0.32	0.33	7.75	10.57	10.57
	m_2	187.75	159.86	0.33	0.33	8.66	10.99	11.00
	m_3	150.54	126.24	0.33	0.33	10.40	11.79	11.84
4	m_1	212.81	182.94	0.32	0.32	7.68	10.54	10.54
	m_2	198.57	169.75	0.33	0.33	8.22	10.79	10.80
	m_3	175.21	148.47	0.33	0.33	9.20	11.23	11.26
	m_4	144.78	121.08	0.33	0.33	10.72	11.93	11.99
5	m_1	213.30	183.39	0.32	0.32	7.66	10.53	10.53
	m_2	204.35	175.08	0.32	0.33	8.00	10.68	10.69
	m_3	187.75	159.86	0.33	0.33	8.66	10.99	11.00
	m_4	166.64	140.73	0.33	0.33	9.59	11.41	11.45
	m_5	141.02	117.71	0.33	0.33	10.93	12.03	12.09

2.3 结果与讨论

2.3.1 模型准确性验证

为了验证本书中有限元分析模型的准确性，我们采用与 Yakabe 等和 Fan 等的模型相同的样本模型，并在相同的载荷条件下进行有限元模拟。样本模型为阳极与电解质的双层模型，且阳极和电解质的厚度分别为 2 mm 和 0.03 mm。假定 1 400 ℃为样本模型的零应力温度，计算电解质在室温（20 ℃）下的应力分布，模拟结果如图 2.8 所示。从图中可以看出，电解质的最大压应力值为-633.80 MPa，比 Yakabe 等得到的试验结果（-670.00 MPa）小 5.7%左右，比 Fan 等得到的模拟结果（-608.46 MPa）大 3.9%左右。有限元模拟和试验情况的对比结果见表 2.5。从表中可以看出，根据本书模型得到的结果与前人的试验结果和模拟结果相比，其绝对误差小于 6%，说明本书提出的模型是可信且可行的。

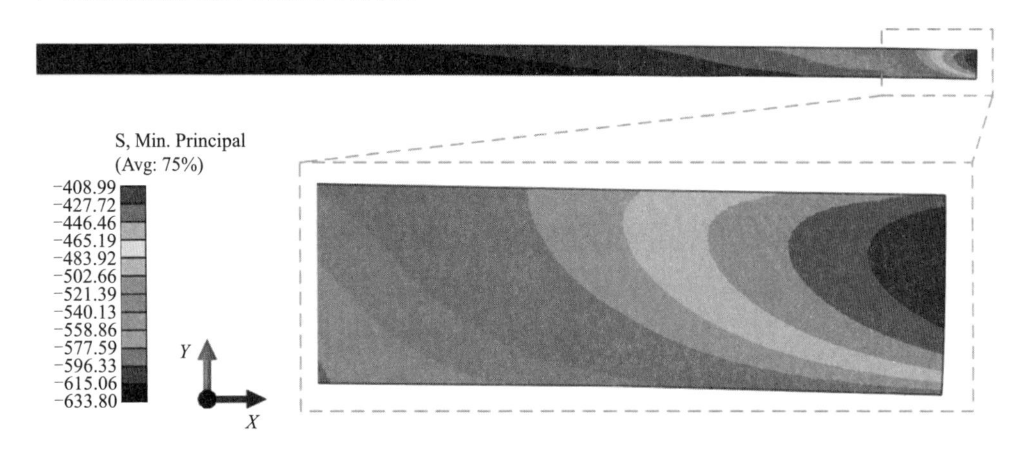

图 2.8 样本模型中 YSZ 在 20 ℃下的应力云图

表 2.5 YSZ 最大压应力结果对比

项目	本书模型	实验结果	模拟结果
最大压应力/MPa	-633.80	-670.00	-608.46
绝对误差	—	5.7%	3.9%

2.3.2　阳极功能层的结构参数对阳极最大轴向应力的影响

在热载荷的作用下，SOFC 产生的拉应力可能引起裂纹，而压应力可能引起分层，最终都会导致电池失效。对于阳极而言，其破坏主要是由于拉应力造成的。因此，我们需要对阳极最大轴向应力在不同阳极功能层的结构参数（组分梯度指数 n_1、厚度梯度指数 n_2 和子层总数 m）下的变化情况进行研究。在此情况下，轴向应力 σ_{xx} 起着主要作用。

图 2.9 给出了当组分梯度指数 n_1 和厚度梯度指数 n_2 取不同值时，不同子层总数 m 下阳极最大轴向应力的变化情况。从图中可以看出，与不含阳极功能层的 SOFC（m=0）相比，含有阳极功能层的 SOFC（m≥0）的阳极最大轴向应力明显降低；当阳极功能层子层总数由 m=0 变为 m=1 时，阳极最大轴向应力下降了 26.7%～43.9%。产生这种现象的原因主要是由于阳极功能层中 NiO 的体积分数介于阳极和电解质之间，这使得相邻层之间的材料属性的差异显著减小。然而，随着子层总数 m 的增加，阳极最大轴向应力并没有继续减小，而是保持不变甚至略有增加。所以，当子层总数 m 过大时，并不能有效降低阳极最大轴向应力。

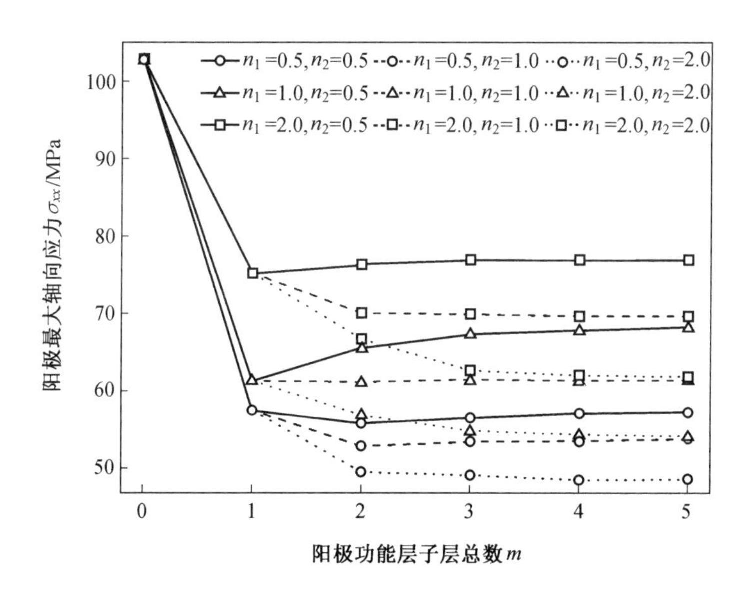

图 2.9　不同梯度指数下，阳极最大轴向应力 σ_{xx} 与阳极功能层子层总数 m 之间的关系

当子层总数 m 和组分梯度指数 n_1 保持不变时，阳极最大轴向应力随着厚度梯度指数 n_2 的增加而减小。也就是说，当 m_1 层（靠近电解质的子层）的厚度较薄时，阳极最大轴向应力更小。另外，对于子层总数 m 相同的阳极功能层，当 n_2 保持不变时，阳极最大轴向应力随着 n_1 的减小而减小。这是因为随着 n_1 的减小，各子层的 NiO 体积分数增大，所以子层和阳极的 NiO 体积分数更为接近，这样的组分分布有利于减小相邻层之间的材料属性差异，进而降低阳极最大轴向应力。因此，当阳极功能层的结构参数为 m=2 且 n_1=0.5、n_2=2.0 时，可以得到最小的阳极最大轴向应力。不同阳极功能层优化方案下阳极的轴向应力云图如图 2.10 所示。

（a）m=0

图 2.10　不同阳极功能层优化方案下阳极的轴向应力云图

（b）n_1=0.5，n_2=0.5，m=2

（c）n_1=0.5，n_2=1.0，m=2

续图 2.10

（d）n_1=0.5，n_2=2.0，m=2

（e）n_1=1.0，n_2=0.5，m=2

续图 2.10

（f）n_1=2.0，n_2=0.5，m=2

续图 2.10

通过对表 2.6 中 SOFC 材料的断裂强度与阳极最大轴向应力的模拟结果进行比较可以看出，当电池不含阳极功能层时（m=0），阳极（NiO-YSZ）的最大拉应力（102.80 MPa）出现在阳极和电解质的界面上，且其值高于阳极的断裂强度（50～100 MPa），这很可能会使电池在热载荷作用下产生界面裂纹。如果将阳极功能层引入 SOFC 并对其进行优化，那么当阳极功能层子层总数 m=2 且组分梯度指数 n_1=0.5、厚度梯度指数 n_2=2.0 时，阳极的最大拉应力位于阳极和阳极功能层的界面上，其值为 49.75 MPa，低于阳极的断裂强度。综上所述，通过对阳极功能层进行优化可以显著降低 SOFC 界面开裂的可能性。

表 2.6　SOFC 材料的断裂强度

SOFC 材料	断裂强度/MPa
NiO-YSZ	50～100
YSZ	300
LSM	52

2.3.3 阳极功能层的结构参数对电解质最大压应力的影响

在热载荷作用下，电极会产生较大的拉应力，而电解质会产生相应的压应力以维持整体电池结构受力平衡。因此，需要对电解质在不同阳极功能层的结构参数下的最大压应力进行研究，如图 2.11 所示。

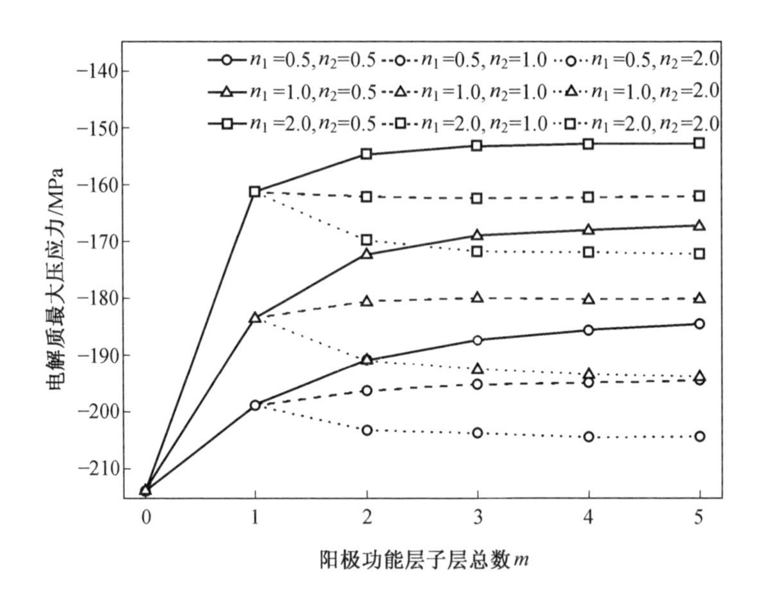

图 2.11 不同梯度指数下，电解质最大压应力与阳极功能层子层总数 m 之间的关系

从图中可以看出，与无阳极功能层的 SOFC（m=0）相比，含有阳极功能层的 SOFC 的电解质最大压应力明显减小。当 m=1 时的电解质最大压应力比 m=0 时减小了 6.9%～24.4%。当组分梯度指数 n_1 不变而厚度梯度指数 n_2 取不同值时，电解质最大压应力随阳极功能层子层总数 m（$m \geqslant 0$）的变化情况不尽相同。当 n_2=1.0 和 2.0 时，电解质最大压应力保持不变甚至增加，这说明此时阳极功能层的存在并未对减小电解质最大压应力有积极的作用；但当 n_2=0.5 时，电解质最大压应力随着阳极功能层子层总数 m 的增加而出现明显的减小。当厚度梯度指数 n_2 不变且组分梯度指数 n_1 取不同值时，对于相同的子层总数 m，电解质最大压应力随着 n_1 的增大而减小。对于所有的情况，当 $m \geqslant 2$ 时，电解质最大压应力保持不变，这说明阳极功能层子

层总数 m 持续增大并不能一直减小电解质最大压应力。因此，当阳极功能层子层总数 m=3 且组分梯度指数 n_1=2.0、厚度梯度指数 n_2=0.5 时，可以得到所有优化方案中的最小的电解质最大压应力。这与阳极最大轴向应力的分析结果相反，使得电池满足整体应力平衡的原则。不同阳极功能层优化方案下电解质的最小主应力云图如图 2.12 所示。

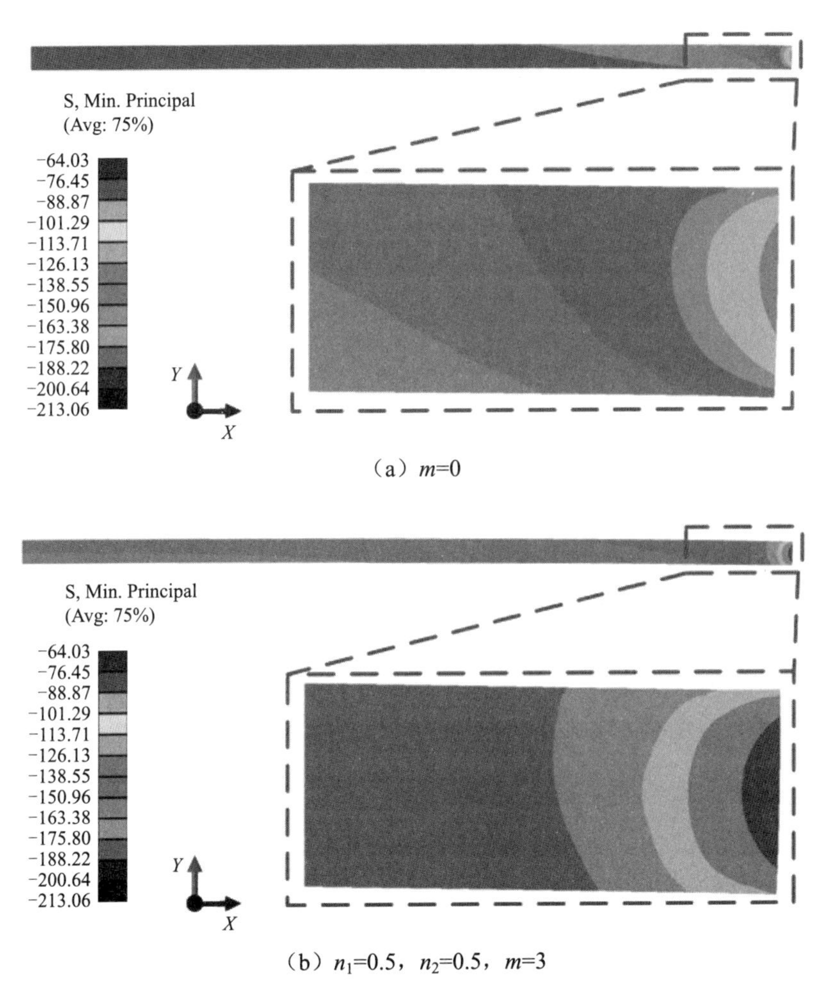

（a）m=0

（b）n_1=0.5，n_2=0.5，m=3

图 2.12　不同阳极功能层优化方案下电解质的最小主应力云图

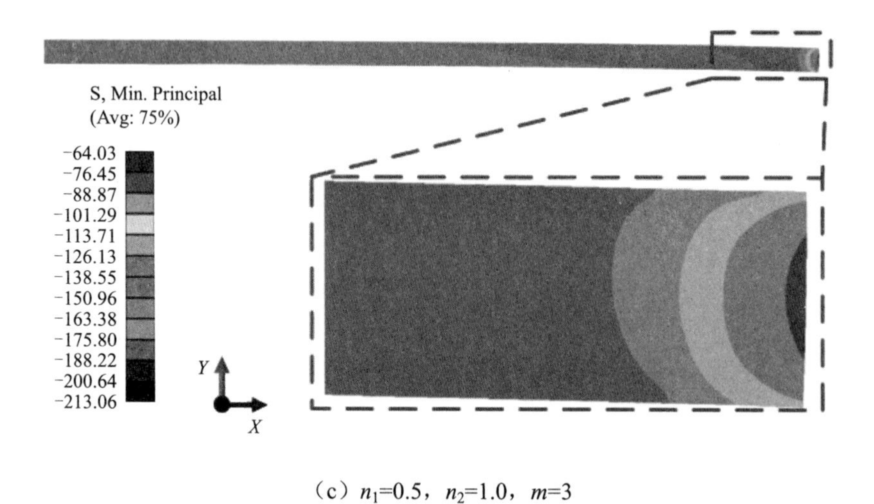

（c）n_1=0.5，n_2=1.0，m=3

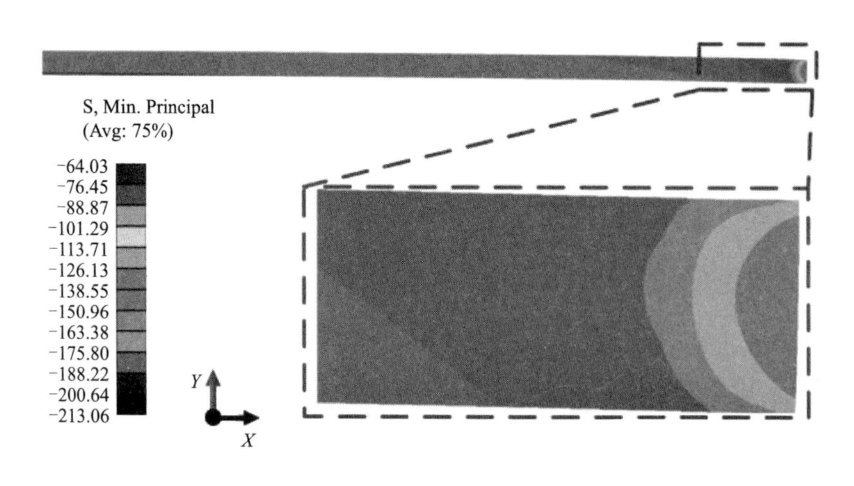

（d）n_1=0.5，n_2=2.0，m=3

续图 2.12

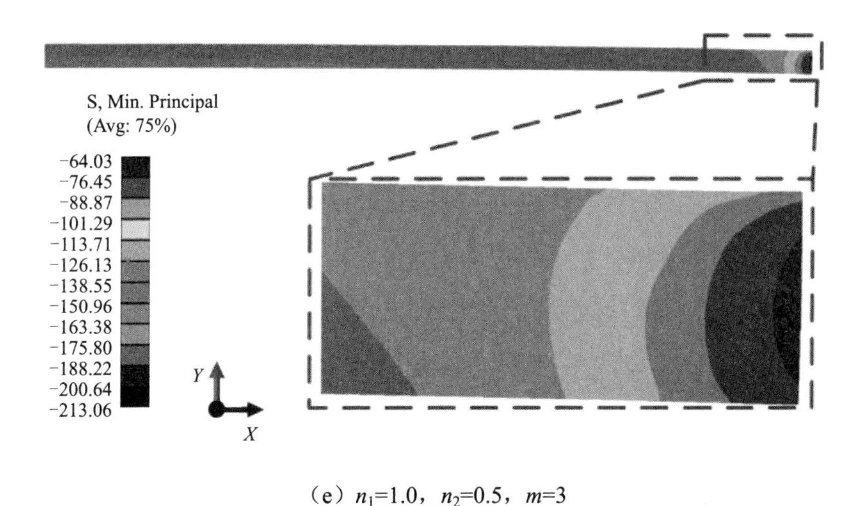

（e）n_1=1.0，n_2=0.5，m=3

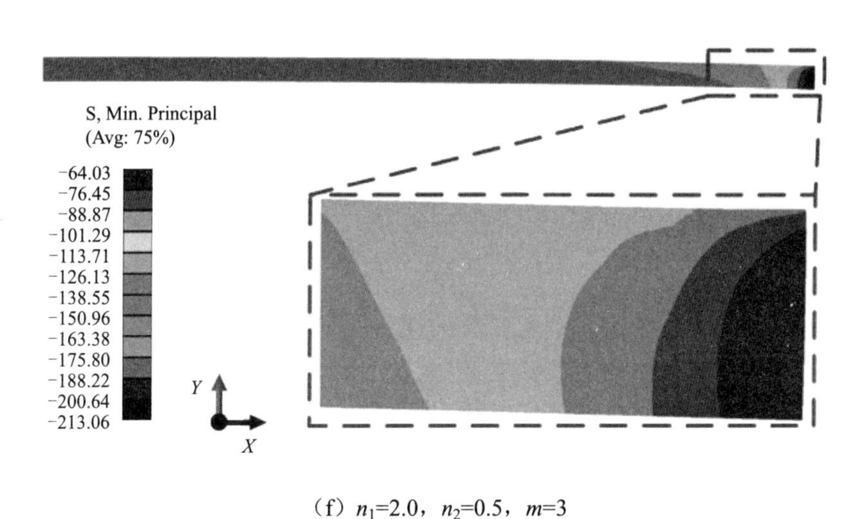

（f）n_1=2.0，n_2=0.5，m=3

续图 2.12

与表 2.6 中给出的 SOFC 材料的断裂强度相比，当 m=0 时，电解质的最大压应力值为 213.06 MPa，与其断裂强度（300 MPa）接近。但当对阳极功能层进行优化以后，特别是当 m=3、n_1=2.0、n_2=0.5 时，电解质的最大压应力值减小到 153.31 MPa，与电解质的断裂强度相差较多。这就使得电池在受到其他外力（如电池封装外力）时，仍然能够保证电解质的强度。

综合考虑阳极功能层的优化对电池阳极和电解质的影响可以看出，当 m=2、n_1=0.5、n_2=2.0 时，阳极的最大拉应力值为 49.75 MPa，电解质的最大压应力值为 203.19 MPa；当 m=3、n_1=2.0、n_2=0.5 时，阳极的最大拉应力值为 77.03 MPa，电解质的最大压应力值为 153.31 MPa。结合阳极的断裂强度 50～100 MPa、电解质的断裂强度 300 MPa 可以分析得到，电解质在两种优化方案下均能较好地保证其强度，而阳极在 m=3、n_1=2.0、n_2=0.5 的优化方案下，已经达到其断裂强度的边缘，若电池在封装过程中再受到其他外载荷的作用，势必会导致阳极出现破坏而影响电池的整体完整性和稳定性。因此，综合考虑以上因素，当阳极功能层的优化参数取 m=2、n_1=0.5、n_2=2.0 时，电池整体的热应力最小，电池的力学性能和可靠性达到最优。

2.3.4 阳极功能层的结构参数对界面应力的影响

为了分析 SOFC 的界面应力，图 2.13 给出了电池的轴向应力沿 AB 路径的变化趋势，节点 A 和 B 的位置如图 2.13（a）所示。由于 SOFC 中各层的材料属性不连续，轴向应力的分布在各层界面之间呈现出明显的跳跃，尤其是在阳极功能层和电解质的界面之间。我们可以通过对阳极功能层的结构参数进行优化来减小界面应力。当梯度系数 n_1、n_2 保持不变时，阳极功能层和电解质之间以及阳极功能层和阳极之间的界面应力都随着子层总数 m 的增加而减小，这就降低了电池发生界面脱层的可能性。另外，增加子层总数 m 还能够在一定程度上减小阳极功能层子层之间的界面应力。通过对图 2.13（b）～（d）进行比较可以看出，当组分梯度指数 n_1 不变时，随着厚度梯度指数 n_2 的增加，所有界面应力均保持不变。而当厚度梯度指数 n_2 不变时，随着组分梯度指数 n_1 的增加，电解质和阳极功能层之间的界面应力明显减小，如图 2.13（b）、（e）和（f）所示。因此，可以通过增加阳极功能层子层总数 m 和减小组分梯度指数 n_1 来减小电解质和阳极功能层之间的界面应力。

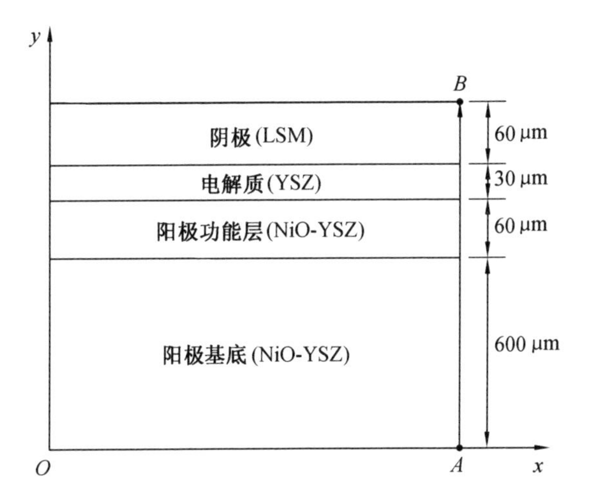

（a）路径 AB 的分布位置

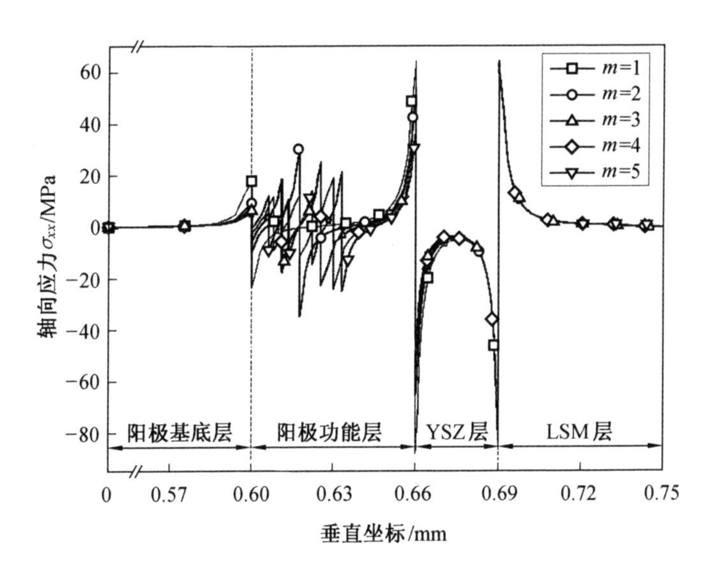

（b）n_1=0.5，n_2=0.5

图 2.13　SOFC 的轴向应力 σ_{xx} 沿路径 AB 的变化趋势

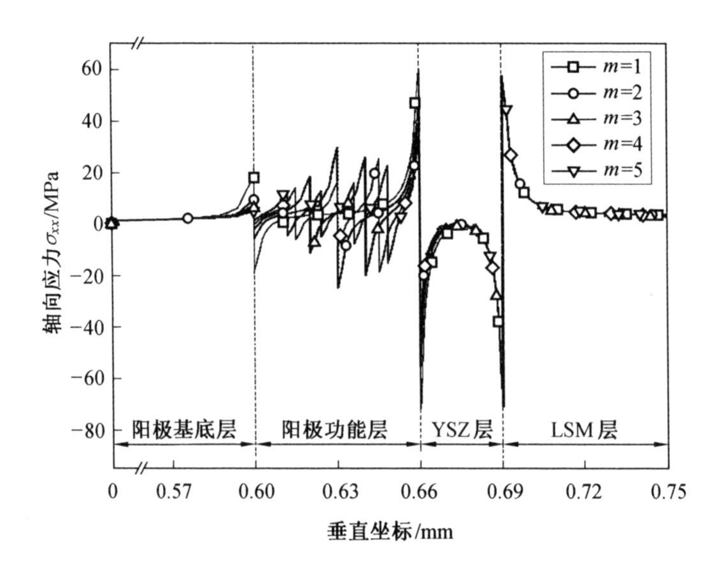

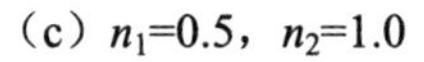
（c）n_1=0.5，n_2=1.0

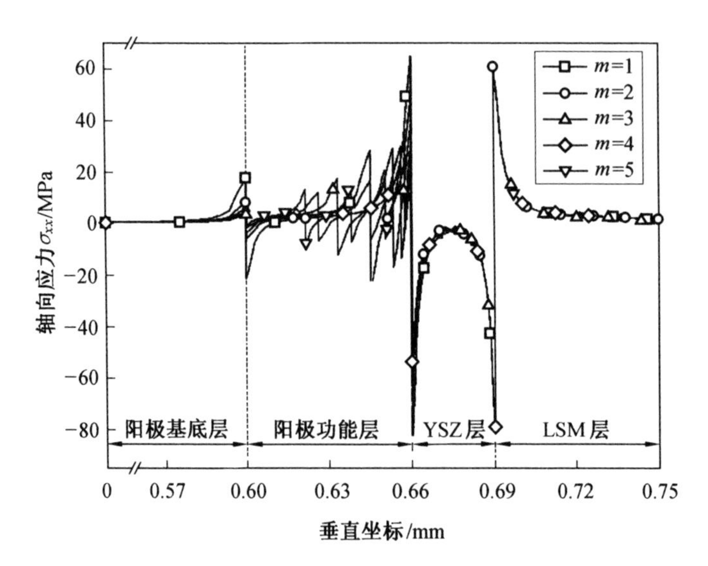

（d）n_1=0.5，n_2=2.0

续图 2.13

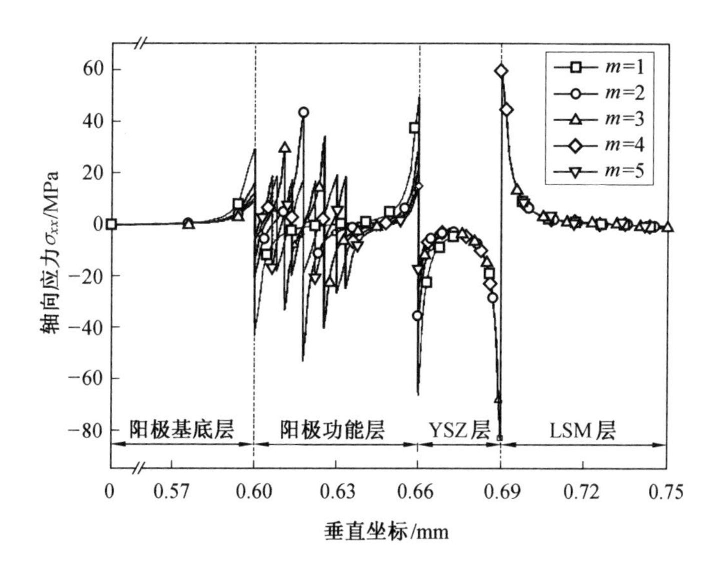

（e）n_1=1.0，n_2=0.5

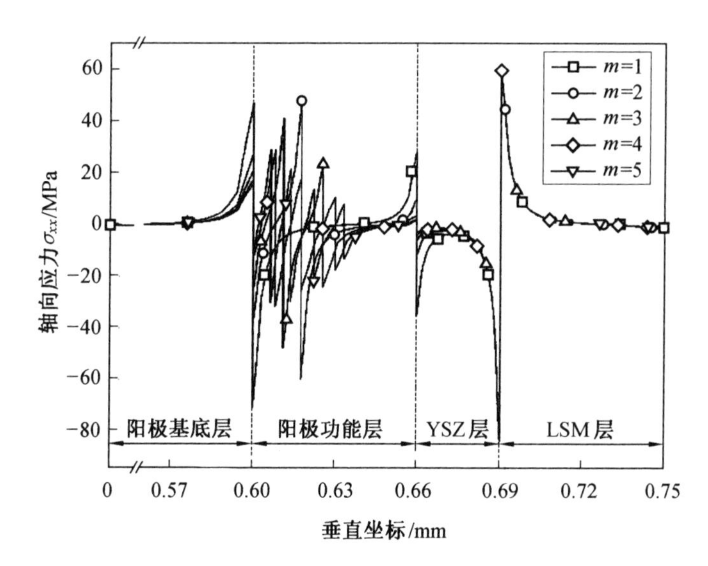

（f）n_1=2.0，n_2=0.5

续图 2.13

2.3.5 不同结构参数下温度对阳极最大轴向应力的影响

SOFC 的制备温度为 1 400 ℃，工作时从室温 20 ℃加热到 800 ℃。在整个温度范围内，不同阳极功能层结构参数下阳极最大轴向应力随温度的变化情况如图 2.14 所示。从图中可以看出，随着温度的升高，阳极最大轴向应力逐渐降低。这是因为 SOFC 在制备温度下处于零应力状态，当其冷却到室温时，会在电池内部产生残余热应力。而当电池工作时，随着温度的升高，工作温度和制备温度之间的温度差逐渐减小，所以残余应力从 $\sigma_{1\,400\sim20\,℃}$减小到 $\sigma_{1\,400\sim800\,℃}$。从图 2.14 中还可以看出，在相同温度下，当组分梯度指数 n_1 不变时（图 2.14（a）），阳极最大轴向应力随着厚度梯度指数 n_2 的增加而减小；而当 n_2 不变时（图 2.14（b）），阳极最大轴向应力随着 n_1 的增加而增加。另外，随着温度的增加，阳极最大轴向应力的变化幅度略有减小。而在不同温度下，当阳极功能层的子层总数由 m=2 变为 m=4 时，子层总数 m 对阳极最大轴向应力的影响不大，这与 2.3.2 节中得到的结果是一致的。

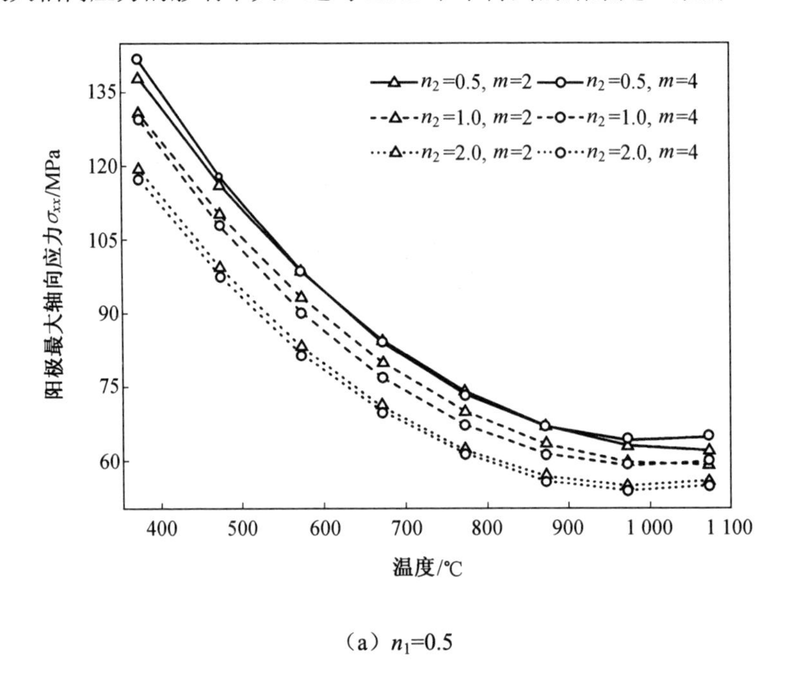

（a）n_1=0.5

图 2.14　不同阳极功能层结构参数下，阳极最大轴向应力与温度之间的关系

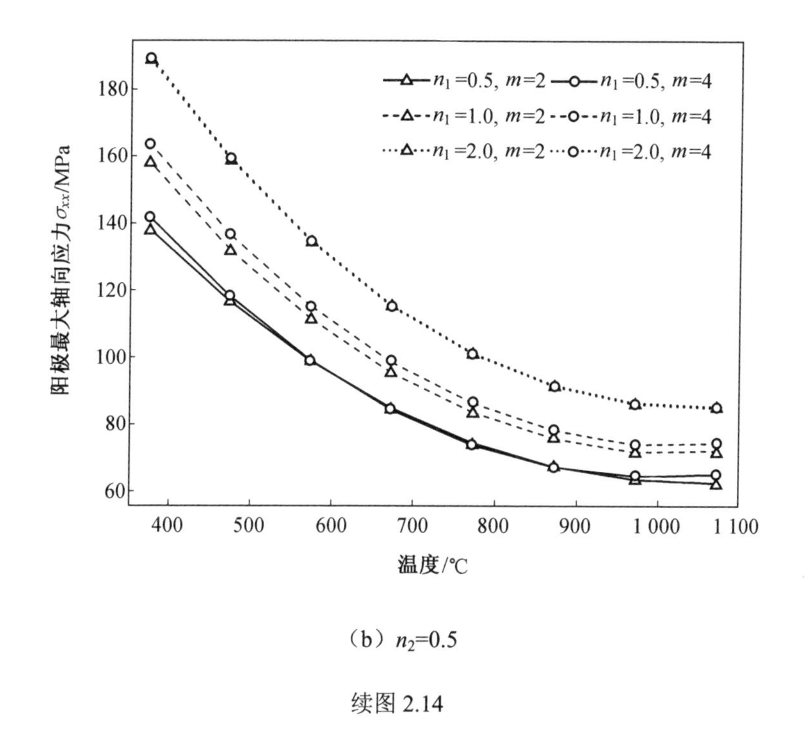

（b）n_2=0.5

续图 2.14

2.4　本章小结

本章对 SOFC 的热应力进行了有限元分析，并将阳极功能层划分成若干个子层来对电池的结构进行优化，主要分析了在热载荷作用下，阳极功能层的子层总数 m、组分梯度指数 n_1 和厚度梯度指数 n_2 对电池热应力的影响。在本章的研究中，基于半对称边界条件，采用二维有限元模型，对电池的阳极最大轴向应力、电解质最大压应力和沿指定路径的界面应力进行了分析，主要得到了以下结论。

（1）将阳极功能层引入 SOFC 中能够显著降低电池热应力。

（2）电池热应力随着阳极功能层子层总数 m 的增加而减小，但当 $m>2$ 时其对电池热应力的影响很小。

（3）对于相同的组分梯度指数 n_1，随着厚度梯度指数 n_2 的增加，阳极最大轴向应力减小，电解质最大压应力增加，界面应力保持不变。对于相同的 n_2，随着 n_1 的增加，阳极最大轴向应力增加，电解质最大压应力减小，阳极功能层和电解质之间的界面应力减小。综合考虑阳极功能层的结构参数对阳极和电解质的影响，得到了使电池的力学性能和可靠性达到最优的阳极功能层的优化方案为 m=2、n_1=0.5、n_2=2.0。

（4）随着温度的升高，电池工作温度和制备温度之间的温度差逐渐减小，使得阳极最大轴向应力随之减小，且其变化幅度逐渐减小。

由于较大的热应力可能导致 SOFC 出现裂纹，通过对电池的阳极功能层进行优化，选择合适的阳极功能层子层总数 m、组分梯度指数 n_1 和厚度梯度指数 n_2 等结构参数，可以使电池达到更好的力学性能和更高的可靠性。针对本书中所采取的模型，当阳极功能层的优化参数取 m=2、n_1=0.5、n_2=2.0 时，电池整体的热应力最小，电池的力学性能和可靠性达到最优。

第3章　考虑界面层的电池界面热应力分析

3.1　概述

目前，制约 SOFC 商业化的因素主要是电池的稳定性和耐久性问题。SOFC 的工作温度较高，约为 800 ℃。在热循环过程中，由于电极和电解质之间热膨胀系数的不匹配，会在电池内部产生严重的热应力，尤其是电极和电解质之间的界面热应力很容易引起电池的裂纹萌生或界面脱层。因此，准确地评估电池的界面热应力水平对保证电池的正常工作是十分必要的。

一般而言，可以采用两种方法来研究包括电子封装、平面 SOFC 在内的分层结构的热应力。一种方法是将结构中的各层当作连续体来模拟。基于这种方法，Lee 等研究了半无限、双材料、条带状结构间的界面热应力的渐进行为。Suhir 等利用 Bessel 函数研究了轴对称薄膜的弹性热应力。但该方法的缺点在于，其热应力的理论表达式比较复杂。另一种方法是将结构中的各层假设为 Timoshenko 梁，通过建立平衡方程来计算热应力。与前一种方法相比，该方法求解层间界面热应力的计算量更小。基于这种方法，Pao 等结合 Suhir 的双金属恒温模型，通过线性二阶微分耦合方程得到了多层薄板的界面热应力的解析解。由于层状电子封装结构的两层之间存在相当薄的黏合剂，Wang 等基于此特殊结构，采用 Timoshenko 梁的理论计算得到了封装结构界面切应力和剥离应力的解析解，并研究了各层之间的开裂应力。结果表明，使用该方法得到的理论计算结果与仿真结果吻合度很好，特别是在薄壁粘接层弹性模量明显小于其他层弹性模量的情况下。事实上，SOFC 中的电极和电解质之间存在着一个界面层，其类似于层状电子封装结构中的粘接层。界面层的形成机理是电极与电解质界面处粒子的相互扩散，而且界面层的存在对 SOFC 的力学性能和电化学性能有着重要的影响。Zhang 等通过试验观察到了 Ni 在界面处从阳极扩散到电解质的现象，并认为电池欧姆损耗的增加和阳极性能的降低主要是由于界面粒子的扩散现象。Maffei 等确定了阳极与电解质之间的界面层的性质并研究了温度对界面层性能的影响。此外，他还通过扫描电镜观察了界面层的微观形貌，确定了界面层的厚度大约为 1 μm。Li 等通过扫描透射电子显微镜（STEM）和能量弥散 X 射线探测器（EDX），对阳极与电解质之间的界面层的形成机理和微观形貌进行了研究。为了预测 SOFC 界面裂纹的扩展速率和裂纹区域，Liu 等建立了界面热应力的理论模型。结果表明，电池的自由端界面处的界面热应力远大于其他区域。但在 Liu 的研究中，阳极界面层的材料属性被假定为阳极和电解质材料属性的平均值，而并没有实际确定界面层的材料属性，因此其理论模型的物理意义并不完全明确。由于界面层的存在对 SOFC 的力学性能和电化学性能有着重要的影响，其与电池欧姆损耗的增加、电极性能的降低和力学稳定性的变化都有着很大的关系，因此需要对界面层的形成机理和界面热应力进行进一步的研究。

然而，目前对 SOFC 界面热应力的研究较少，而且界面层的材料属性也没有确定，基于界面层的界面热应力的物理意义尚不完全清楚。因此，有必要对 SOFC 界面热应力进行分析，并保证界面热应力物理意义的完整性。本章根据界面层的形成机理和组分分布，确定了界面层的材料属性，推导了电极与电解质之间包括切应力和剥离应力在内的热应力的解析表达式；建立了二维有限元模型来模拟界面热应力，并将数值结果与理论结果进行了比较，验证了理论模型的正确性。此外，本章还给出了数值结果的界面热应力修正表达式来分析 SOFC 自由边界处的理论结果与数值结果的差异。最后，本章比较了阳极-电解质界面和阴极-电解质界面之间的界面热应力水平，讨论了界面层厚度对界面热应力的影响。

3.2　热力学模型

3.2.1　界面层的形成机理

典型阳极支撑型的平板 SOFC 包含阳极、电解质和阴极三层，其工作原理示意图如图 3.1 所示。氢气作为电池的燃料，而空气为反应提供氧气。电池在阴极发生的氧化反应为

$$\frac{1}{2}O_2 + 2e^- \longrightarrow O^{2-} \tag{3.1}$$

阴极处反应得到的氧离子在电场的作用下通过电解质转移到阳极的活性反应区。H_2 在阳极发生的电化学反应为

$$H_2 + O^{2-} \longrightarrow H_2O + 2e^- \tag{3.2}$$

所以，电池中发生的总电化学反应为

$$H_2 + \frac{1}{2}O_2 \longrightarrow H_2O \tag{3.3}$$

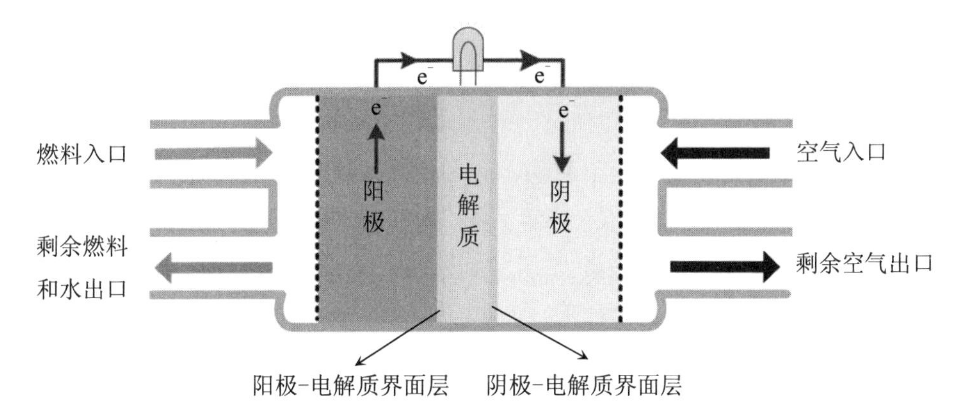

图 3.1　阳极支撑型平板 SOFC 的工作原理示意图

在本章的研究中，阳极材料采用还原后的 Ni-YSZ，且 Ni 的体积分数为 80%，阴极材料采用 LSM，电解质材料采用 YSZ。对于 SOFC 中使用的各种材料，由于组

成材料的粒子尺寸远小于电池的整体几何尺寸，并且粒子在结构中均匀、随机分布，因此，所有的材料都可以认为是均匀且各向同性的。此外，考虑到电池的整体结构变形较小，电池材料仅考虑了弹性范围内的应力-应变关系，各弹性常数不随应力或应变值变化。也就是说，将所有材料定义为线弹性模型。

许多研究都曾报道过 SOFC 中存在第二相，即电解质和电极之间的界面层，界面层的位置如图 3.1 所示。界面层的形成机理是在 SOFC 工作过程中电极和电解质粒子的相互扩散，其相应的机理示意图如图 3.2 所示。

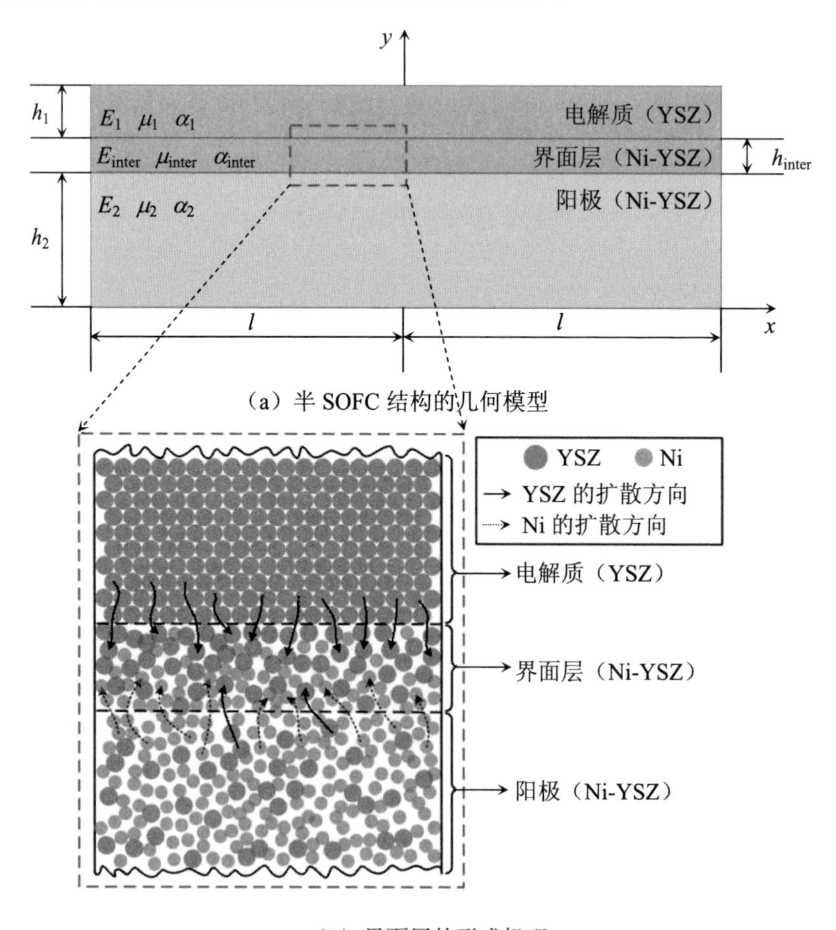

（a）半 SOFC 结构的几何模型

（b）界面层的形成机理

图 3.2　界面层形成机理示意图

电解质中的 YSZ 粒子排列紧密，而阳极中的 Ni 粒子和 YSZ 粒子随机分布且 Ni 粒子的浓度高于 YSZ 粒子。当电池在高温下工作时，阳极内的 Ni 粒子和 YSZ 粒子会扩散到电解质中。由于阳极中的 Ni 粒子浓度比 YSZ 粒子浓度要高，所以其扩散的程度也较高。与此同时，电解质中的 YSZ 粒子也向阳极进行反向扩散。因此，由 Ni-YSZ 组成的相互扩散区即为电解质层与阳极层之间的界面层。在界面层中，Ni 粒子和 YSZ 粒子浓度呈梯度分布，甚至近似呈线性分布，如图 3.3 所示。也就是说，界面层中的 Ni 粒子浓度沿 y 轴方向呈直线下降趋势，而 YSZ 粒子的分布趋势与 Ni 粒子相反。Li 等通过试验证实了界面层的形成机理和粒子浓度分布。电池中电解质与阴极之间的界面层形成过程和电解质与阳极之间的界面层形成过程类似。

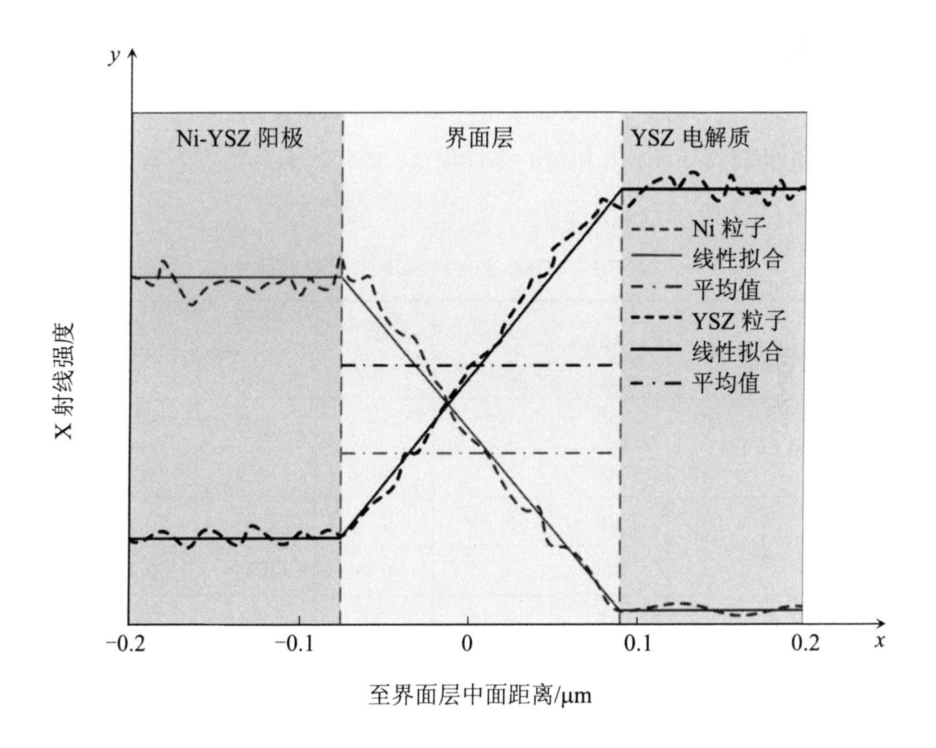

图 3.3　Ni 粒子和 YSZ 粒子在界面层的浓度分布

3.2.2 界面层的材料属性

基于很多学者之前的研究可以得知，界面层的厚度 h_{inter} 为 2 nm～1 μm，远远小于电解质的厚度 h_1 和阳极的厚度 h_2，即 $h_{\text{inter}} \ll h_1$ 且 $h_{\text{inter}} \ll h_2$。结合界面层的组分分析可以得出，Ni 粒子和 YSZ 粒子的浓度呈线性变换。假设界面层中的组分分布是均匀的，那么其中 Ni 粒子和 YSZ 粒子的体积分数可以分别认为是阳极和电解质中相应粒子体积分数的平均值（图 3.3）。由于阳极 Ni-YSZ 中 Ni 的体积分数为 80%，而电解质的材料为 YSZ。基于以上分析可以得出，阳极与电解质之间的界面层 Ni-YSZ 中 Ni 的体积分数为 40%。因此，当界面层中 Ni 的体积分数可以从微观层面上确定时，界面层的材料属性，包括弹性模量 E_{inter}、泊松比 μ_{inter} 和热膨胀系数 α_{inter}，都可以通过 Hsieh 和 Tuan 的模型来计算。根据 Hsieh 和 Tuan 的理论模型以及之前的研究，Ni-YSZ 的材料属性可以通过 Ni 的体积分数 V 来确定。表 3.1 给出了 SOFC 各层材料及 Ni 的材料属性，其相应的弹性模量、泊松比和热膨胀系数分别表示为 E_{Ni}、μ_{Ni}、α_{Ni} 和 E_{YSZ}、μ_{YSZ}、α_{YSZ}。

表 3.1　SOFC 各层材料及 Ni 的材料属性

材料属性	温度/℃	阳极 Ni-YSZ	电解质 YSZ	阴极 LSM	Ni	阳极功能层 Ni-YSZ
弹性模量 E/GPa	20	72.5	196.3	41.3	53.0	122.9
	800	58.1	148.6	48.3	43.0	95.1
泊松比 μ	20	0.36	0.30	0.33	0.39	0.36
	800	0.36	0.31	0.33	0.39	0.36
热膨胀系数 $\alpha/\times10^{-6}$	20	12.4	7.6	9.8	13.3	9.9
	800	12.6	10.0	11.8	13.5	11.3

根据 Hsieh 和 Tuan 的理论模型，界面层的弹性模量 E_{inter} 的上限和下限的表达式分别为

$$E_{\text{inter}}^{\text{upper}}=\frac{[(1+c+c^2)E_{\text{YSZ}}E_{\text{Ni}}+cE_{\text{YSZ}}^2]\delta-2c^2E_{\text{YSZ}}\eta^2}{n\delta-2c(1+c)\eta^2} \tag{3.4（a）}$$

$$E_{\text{inter}}^{\text{lower}}=\frac{(1+c+c^2)E_{\text{YSZ}}E_{\text{Ni}}+cE_{\text{YSZ}}^2}{n} \tag{3.4（b）}$$

界面层的泊松比 μ_{inter} 的上限和下限的表达式分别为

$$\mu_{\text{inter}}^{\text{upper}}=\frac{c(1+c)\mu_{\text{YSZ}}E_{\text{Ni}}+\omega_2E_{\text{YSZ}}}{n} \tag{3.5（a）}$$

$$\mu_{\text{inter}}^{\text{lower}}=\frac{[c(1+c)\mu_{\text{YSZ}}E_{\text{Ni}}+\omega_1E_{\text{YSZ}}]\delta+c\eta\lambda}{n\delta-2c(1+c)\eta^2} \tag{3.5（b）}$$

界面层的热膨胀系数 α_{inter} 的上限和下限的表达式分别为

$$\alpha_{\text{inter}}^{\text{upper}}=\frac{A+c\alpha_{\text{YSZ}}E_{\text{YSZ}}}{B+cE_{\text{YSZ}}} \tag{3.6（a）}$$

$$\alpha_{\text{inter}}^{\text{lower}}=\frac{(c\alpha_{\text{YSZ}}+\alpha_{\text{Ni}})E_{\text{YSZ}}E_{\text{Ni}}+c\alpha_{\text{YSZ}}E_{\text{YSZ}}(cE_{\text{Ni}}+E_{\text{YSZ}})}{(c+1)E_{\text{YSZ}}E_{\text{Ni}}+cE_{\text{YSZ}}(cE_{\text{Ni}}+E_{\text{YSZ}})} \tag{3.6（b）}$$

其中， c、δ、η、m、n、k、λ、ω_1、ω_2、A、B 等为一系列与 Ni 和 YSZ 材料属性有关的参数，其具体的表达式如下：

$$c=\left(\frac{1}{V}\right)^{\frac{1}{2}}-1 \tag{3.7（a）}$$

$$\delta=(1-\mu_{\text{YSZ}})E_{\text{Ni}}+c(1-\mu_{\text{Ni}})E_{\text{YSZ}} \tag{3.7（b）}$$

$$\eta=\mu_{\text{YSZ}}E_{\text{Ni}}-\mu_{\text{Ni}}E_{\text{YSZ}} \tag{3.7（c）}$$

$$m=(1+c)[(cE_{\text{Ni}}+E_{\text{YSZ}})\delta-2c\eta^2] \tag{3.7（d）}$$

$$n=(1+c)(cE_{\mathrm{Ni}}+E_{\mathrm{YSZ}}) \quad (3.7\text{(e)})$$

$$k=(1+c+c^2)E_{\mathrm{Ni}}E_{\mathrm{YSZ}}+cE_{\mathrm{YSZ}}^2 \quad (3.7\text{(f)})$$

$$\lambda=E_{\mathrm{YSZ}}-E_{\mathrm{Ni}}+\eta-2c\mu_{\mathrm{YSZ}}(\mu_{\mathrm{YSZ}}E_{\mathrm{Ni}}+\mu_{\mathrm{Ni}}E_{\mathrm{YSZ}}) \quad (3.7\text{(g)})$$

$$\omega_1=\mu_{\mathrm{YSZ}}+c\mu_{\mathrm{Ni}} \quad (3.7\text{(h)})$$

$$\omega_2=c\mu_{\mathrm{YSZ}}+\mu_{\mathrm{Ni}} \quad (3.7\text{(i)})$$

$$A=\frac{E_{\mathrm{YSZ}}E_{\mathrm{Ni}}[\delta(c\alpha_{\mathrm{YSZ}}+\alpha_{\mathrm{Ni}})+2c\eta(\alpha_{\mathrm{YSZ}}-\alpha_{\mathrm{Ni}})]}{\delta(cE_{\mathrm{Ni}}+E_{\mathrm{YSZ}})-2c\eta^2} \quad (3.7\text{(j)})$$

$$B=\frac{\delta(c+1)E_{\mathrm{YSZ}}E_{\mathrm{Ni}}}{\delta(cE_{\mathrm{Ni}}+E_{\mathrm{YSZ}})-2c\eta^2} \quad (3.7\text{(k)})$$

其中，V 为 Ni 的体积分数。

所以，根据平均原则，界面层的弹性模量 E_{inter}、泊松比 μ_{inter} 和热膨胀系数 α_{inter} 可以分别表示为

$$E_{\mathrm{inter}}=\frac{E_{\mathrm{inter}}^{\mathrm{upper}}+E_{\mathrm{inter}}^{\mathrm{lower}}}{2} \quad (3.8\text{(a)})$$

$$\mu_{\mathrm{inter}}=\frac{\mu_{\mathrm{inter}}^{\mathrm{upper}}+\mu_{\mathrm{inter}}^{\mathrm{lower}}}{2} \quad (3.8\text{(b)})$$

$$\alpha_{\mathrm{inter}}=\frac{\alpha_{\mathrm{inter}}^{\mathrm{upper}}+\alpha_{\mathrm{inter}}^{\mathrm{lower}}}{2} \quad (3.8\text{(c)})$$

此外，界面层的切变模量 G_{inter} 是泊松比和弹性模量的函数，即

$$G_{\mathrm{inter}}=\frac{E_{\mathrm{inter}}}{2(1+\mu_{\mathrm{inter}})}$$

根据以上分析，其可以表示为

$$G_{\text{inter}} = \frac{mk + nk\delta - 2c^2 E_{\text{YSZ}}\eta^2 n}{4mn + 2c\mu_{\text{YSZ}} E_{\text{Ni}}(1+c)(m+\delta n) + 2E_{\text{YSZ}}(\delta n\omega_1 + m\omega_2) + 2cn\eta\lambda} \tag{3.9}$$

综上所述，通过对阳极和电解质的组分分析，可以得到界面层中 Ni 和 YSZ 的体积分数，从而根据式（3.8）计算得出界面层的材料属性。

3. 2. 3　界面热应力的理论模型

SOFC 在工作时需将其从室温 20 ℃加热到工作温度 800 ℃，这样的温度差使得电池内部产生了热应力。本节内容对包括界面切应力τ和剥离应力σ在内的电池界面热应力进行了研究，研究对象为包括电解质、阳极和相应的界面层在内的半 SOFC 系统，其结构示意图如图 3.2 所示，其中每一层都假设为实体梁。电池的电解质、阳极和界面层材料的弹性模量、泊松比和热膨胀系数分别表示为 E_1、μ_1、α_1，E_2、μ_2、α_2 和 E_{inter}、μ_{inter}、α_{inter}。由于界面层的厚度很薄，远远小于电解质层和阳极层的厚度，因此界面层上表面的切应力τ和剥离应力σ都与下表面的相等。另外，在本节的分析中，将分析模型假定为平面应变问题。

半 SOFC 结构的应力分析示意图如图 3.4 所示。单位宽度的半电池受到的弯矩 M_j、剪力 Q_j 和轴力 N_j（j=1, 2）之间的平衡关系可以分别表示为

$$\frac{\mathrm{d}M_j}{\mathrm{d}x} - Q_j + \frac{1}{2}\tau h_j = 0 \quad (j=1,2) \tag{3.10（a）}$$

$$\frac{\mathrm{d}Q_j}{\mathrm{d}x} - \sigma\delta_j = 0 \quad (j=1,2) \tag{3.10（b）}$$

$$\frac{\mathrm{d}N_j}{\mathrm{d}x} - \tau\delta_j = 0 \quad (j=1,2) \tag{3.10（c）}$$

其中，δ_1=1，δ_2=−1；h_j 为相应层的厚度。

由弯矩 M_j 引起的 y 方向的位移 ω_j 的微分方程可以表示为

$$\frac{\mathrm{d}^2\omega_j}{\mathrm{d}x^2}=-\frac{12}{E_j'h_j^3}M_j \qquad (j=1,2) \qquad (3.11\text{(a)})$$

其中，E_j' 为平面应变模量，且 $E_j'=\dfrac{E_j}{1-\mu_j^2}$，$j=1,2$。

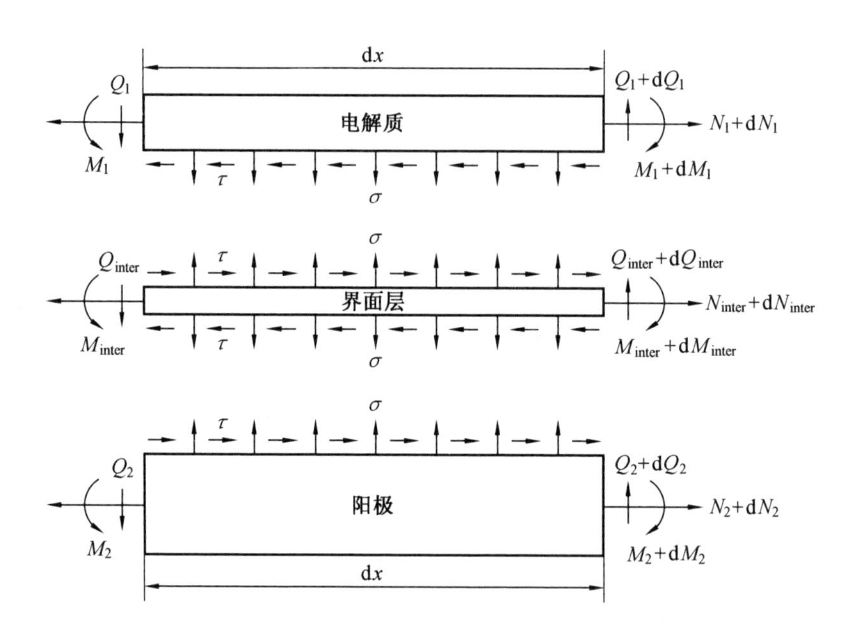

图 3.4　半 SOFC 结构的应力分析示意图

在轴力 N_j 和热膨胀的共同作用下，x 轴方向发生的位移 u_j 可以定义为

$$\frac{\mathrm{d}u_j}{\mathrm{d}x}=\frac{N_j}{E_j'h_j}+(1+\mu_j)\alpha_j\Delta T \qquad (j=1,2) \qquad (3.11\text{(b)})$$

为了保证界面层的位移连续性，界面层上、下表面沿 x 轴方向的位移 u_{inter}^{top} 和 u_{inter}^{bottom} 可以分别表示为

$$u_{inter}^{top}=u_1+\frac{1}{2}h_1\frac{\mathrm{d}\omega_1}{\mathrm{d}x} \qquad (3.12\text{(a)})$$

$$u_{\text{inter}}^{\text{bottom}} = u_2 - \frac{1}{2} h_1 \frac{\mathrm{d}\omega_2}{\mathrm{d}x} \qquad (3.12\text{(b)})$$

界面层的应力-应变关系和位移-应变关系可以分别表示为

$$\varepsilon_{\text{inter}}^{y} = \frac{\omega_1 - \omega_2}{h_i} = \frac{\sigma}{E'_{\text{inter}}} + (1+\mu_{\text{inter}})\alpha_{\text{inter}}\Delta T \qquad (3.13\text{(a)})$$

$$\gamma_{\text{inter}}^{xy} = \frac{u_{\text{inter}}^{\text{top}} - u_{\text{inter}}^{\text{bottom}}}{h_{\text{inter}}} = \frac{\tau}{G_{\text{inter}}} \qquad (3.13\text{(b)})$$

其中，$\varepsilon_{\text{inter}}^{y}$ 和 $\gamma_{\text{inter}}^{xy}$ 分别为界面层在 y 方向的正应变和剪切应变；h_{inter} 为界面层的厚度；E'_{inter} 为平面应变模量，$E'_{\text{inter}} = \frac{E_{\text{inter}}}{1-\mu_{\text{inter}}^2}$；$G_{\text{inter}}$ 是切变模量，$G_{\text{inter}} = \frac{E_{\text{inter}}}{2(1+\mu_{\text{inter}})}$。

将式（3.13）对 x 求导并结合式（3.10）～（3.12），可以得到

$$\frac{h_{\text{inter}}}{E'_{\text{inter}}}\frac{\mathrm{d}^4\sigma}{\mathrm{d}x^4} + 12\left(\frac{1}{E'_1h_1^3} + \frac{1}{E'_2h_2^3}\right)\sigma - 6\left(\frac{1}{E'_1h_1^2} - \frac{1}{E'_2h_2^2}\right)\frac{\mathrm{d}\tau}{\mathrm{d}x} = 0 \qquad (3.14\text{(a)})$$

$$\frac{h_{\text{inter}}}{G_{\text{inter}}}\frac{\mathrm{d}^3\tau}{\mathrm{d}x^3} - 4\left(\frac{1}{E'_1h_1} + \frac{1}{E'_2h_2}\right)\frac{\mathrm{d}\tau}{\mathrm{d}x} + 6\left(\frac{1}{E'_1h_1^2} - \frac{1}{E'_2h_2^2}\right)\sigma = 0 \qquad (3.14\text{(b)})$$

将剥离应力 σ 从式（3.14（a））和（3.14（b））中消除，就可以得到切应力的高阶偏微分方程

$$\frac{\mathrm{d}^7\tau}{\mathrm{d}x^7} - 4\frac{G_{\text{inter}}}{h_{\text{inter}}}\left(\frac{1}{E'_1h_1} + \frac{1}{E'_2h_2}\right)\frac{\mathrm{d}^5\tau}{\mathrm{d}x^5} + 12\frac{E'_{\text{inter}}}{h_{\text{inter}}}\left(\frac{1}{E'_1h_1^3} + \frac{1}{E'_2h_2^3}\right)\frac{\mathrm{d}^3\tau}{\mathrm{d}x^3}$$

$$-12\frac{E'_{\text{inter}}G_{\text{inter}}}{h_{\text{inter}}^2}\left[\left(\frac{1}{E'_1h_1^2} - \frac{1}{E'_2h_2^2}\right)^2 + \frac{4(h_1+h_2)^2}{E'_1E'_2h_1^3h_2^3}\right]\frac{\mathrm{d}\tau}{\mathrm{d}x} = 0 \qquad (3.15)$$

由于电池的边界不受约束，所以电池边界处的弯矩、轴力和剪力都为零，即 $M_j=0$，$N_j=0$，$Q_j=0$（$x=\pm l$）。将其代入式（3.10（b））和（3.13）中，可以得到电池

的边界条件为

$$\int_0^l \sigma \mathrm{d}x = 0 \tag{3.16 (a)}$$

$$\frac{\mathrm{d}\tau}{\mathrm{d}x}\Big|_{x=\pm l} = \frac{G_{\text{inter}}}{h_{\text{inter}}}[(1+\mu_1)\alpha_1-(1+\mu_2)\alpha_2]\Delta T \tag{3.16 (b)}$$

$$\frac{\mathrm{d}^2\sigma}{\mathrm{d}x^2}\Big|_{x=\pm l} = 0 \tag{3.16 (c)}$$

结合边界条件即式（3.16），可以从式（3.15）中求解出切应力 τ:

$$\tau = \frac{\xi}{2\theta}\sqrt{\frac{G_{\text{inter}}}{h_{\text{inter}}}}\exp\left(2\theta x\sqrt{\frac{G_{\text{inter}}}{h_{\text{inter}}}}\right) \tag{3.17}$$

其中，ξ 和 θ 为与电极和电解质的材料属性、温度差和电池结构参数相关的参数，$\xi=[(1+\mu_1)\alpha_1-(1+\mu_2)\alpha_2]\Delta T$， $\theta=\sqrt{\frac{1}{E_1'h_1}+\frac{1}{E_2'h_2}}$ 。

将切应力 τ 的表达式（3.17）代入式（3.14（a））中，可以得到剥离应力 σ 的表达式

$$\sigma = \frac{\xi\beta}{4\theta^2}\exp\left(2\theta x\sqrt{\frac{G_{\text{inter}}}{h_{\text{inter}}}}\right)-\xi\beta\left[\frac{1}{\varphi^2}\left(\frac{G_{\text{inter}}}{h_{\text{inter}}}\right)^{\frac{3}{2}}(\sin\varphi x+\cos\varphi x)+\frac{\varphi}{2\theta^2}\cos\varphi x\right]\exp(\varphi x) \tag{3.18}$$

其中，k,φ,β 均为参数，$\varphi=\left(\frac{3kE'_{\text{inter}}}{h_{\text{inter}}}\right)^{0.25}$，$\beta=\frac{3\theta\sqrt{\frac{h_{\text{inter}}}{G_{\text{inter}}}}\left(\frac{1}{E_1'h_1^2}-\frac{1}{E_2'h_2^2}\right)}{2(1-\mu_{\text{inter}})\theta^4+\frac{3kh_{\text{inter}}}{G_{\text{inter}}}}$，$k=\frac{1}{E_1'h_1^3}+\frac{1}{E_2'h_2^3}$ 。

显而易见，界面切应力 τ 和剥离应力 σ 都与电池各层的材料属性和结构参数有关。因此，根据界面层的形成机理，从微观层面由式（3.7）～（3.9）可以得到界面

层的材料属性；从宏观层面由式（3.17）和（3.18）可以得到与界面层材料属性相关的电池界面切应力和界面剥离应力的理论表达式。

3.3　有限元模型

为了验证式（3.17）和（3.18）中界面切应力和剥离应力理论模型的准确性，本节采用非线性有限元软件 ABAQUS/Standard 对 SOFC 的界面热应力进行模拟，用来与理论模型的结果进行对比。SOFC 的二维有限元模型示意图及网格划分情况如图 3.5 所示，其中有限元模型包含阳极、阳极界面层、电解质、阴极和阴极界面层五层。由于电池模型关于 y 轴几何对称，所以采用二分之一的 SOFC 有限元模型对界面热应力进行分析。阳极、电解质、阴极和界面层的厚度分别为 660 μm、30 μm、60 μm 和 0.2 μm，二分之一电池模型的宽度 l 为 1 mm。为了简化计算，忽略了电池制备过程中产生的残余应力和蠕变效应，并假设电池各层之间不存在相对滑移。

在 ABAQUS 模拟过程中，采用了完全牛顿法并设置了静态通用分析步进行计算。每个迭代步的残余力、位移增量和位移增量修正都可以在 ABAQUS/Standard 中查看，这样可以很好地解决线性或非线性静力学问题。在进行有限元模拟时，模型的网格类型选用了四节点双线性轴对称四边形单元，并对单元进行了简化积分和沙漏控制，即 CAX4R 单元。为了保证模拟的精确性，将最小网格的尺寸设置为 1.29 μm×0.05 μm，此外还利用网格偏置对模型界面层和自由端附近的网格进行细化。整个有限元模型包含 42 000 个单元和 42 411 个节点。

本节内容采用均匀、各向同性的线弹性模型来模拟 SOFC 各层的材料，且所有的材料属性，包括弹性模量、泊松比和热膨胀系数，都随温度变化而变化，见表 3.1。在电池模型的左侧设置对称边界条件（u_x=0），在 x=0、y=0 点处约束其 y 方向的位移（u_y=0）（图 3.5）；在整个模型上施加均匀的温度场，将模型从室温 20 ℃加热到工作温度 800 ℃。

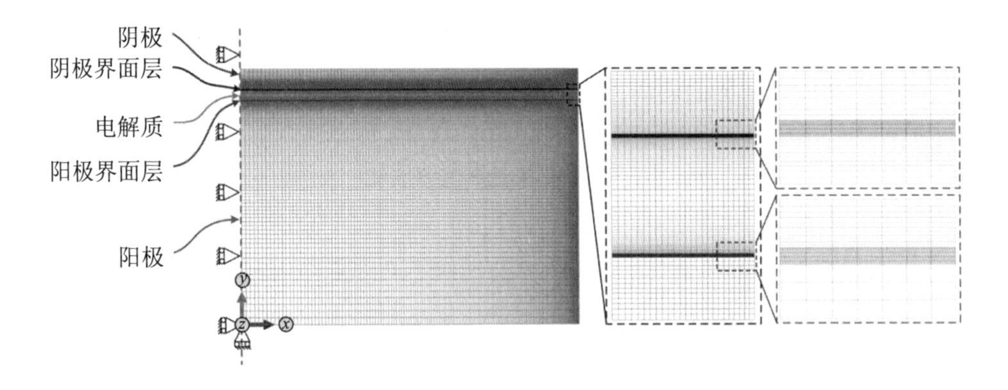

图 3.5　SOFC 的二维有限元模型示意图及网格划分情况

3.4　结果与讨论

3.4.1　有限元模拟结果与理论结果的比较

以阳极和电解质界面的热应力为例，对其有限元模拟结果和理论计算结果进行比较。在有限元模拟中，由于界面层的厚度太薄且其长度与高度之比远大于 1，即 $\frac{l}{h_{\text{inter}}} \gg 1$，其应力分布云图很难直观地分辨。所以，基于电池各层之间不存在相对滑移的假设，我们在有限元模型的界面上设置了公共节点，即电解质的下表面与阳极界面层的上表面共节点。因此，可以通过观察电解质层的下表面来分析阳极界面层的应力分布。同理，阴极界面层的应力分布可以通过分析电解质上表面的应力状态来得到。图 3.6 给出了电解质 YSZ 在热载荷作用下的应力云图。首先对界面层的切应力进行分析，电解质 YSZ 的切应力分布云图如图 3.6（a）所示。从电解质下表面的应力分布状态可以分析出，阳极界面层切应力的绝对值沿 x 轴正方向逐渐增加，具体地说，即在 A、B 两点处略有增加，而在自由端附近急剧增大。而对电解质上表面的应力分布状态进行分析可以得出阴极界面层切应力的变化趋势，其与阳极界面层切应力的变化趋势一致，即沿 x 轴正方向逐渐增加且在 A'、B' 两点处略有增加，之后在自由端附近急剧增大。将两种界面层的切应力绝对值进行比较可以发现，阳极界面层的切应力更大。然后对界面层的剥离应力即正应力进行分析，电解质 YSZ 的正应力分布云图如图 3.6（b）所示。由图可知，在远离界面层边界处，两种界面层的剥离应力均为正值，且沿 x 轴正方向逐渐增加，并分别在 E 和 E'处达到最大拉应力值。而在此之后，二者的剥离应力值出现了明显的下降并转为负值，最后在 F 和 F'处达到了最大压应力值，且最大压应力的值远远大于最大拉应力的值。

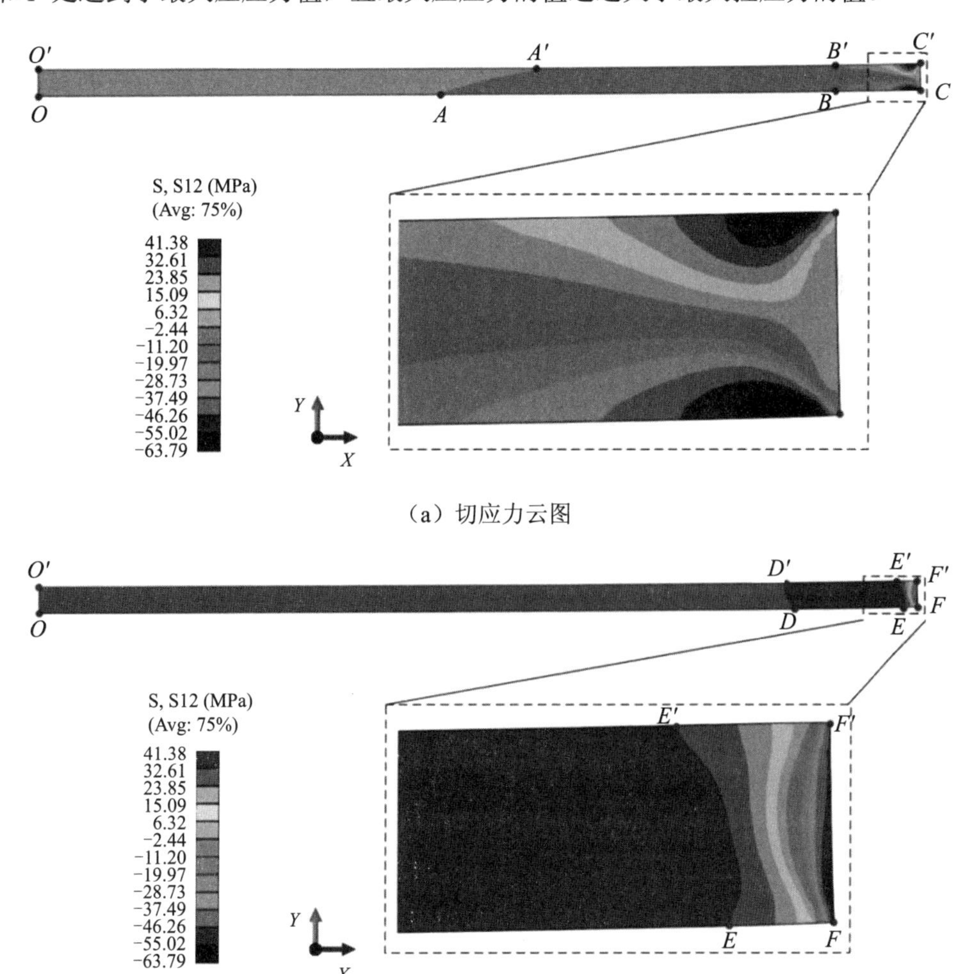

（a）切应力云图

（b）正应力云图

图 3.6　电解质 YSZ 的应力云图

在理论计算中，由于阳极 Ni-YSZ 中 Ni 的体积分数为 80%，电解质 YSZ 中没有 Ni 粒子，所以根据 3.2.1 节的分析可知，阳极功能层中 Ni 的体积分数 V=40%，其材料属性可以由式（3.7）～（3.9）计算得到，结果见表 3.2。基于此，可以根据式（3.17）～（3.18）得出阳极-电解质之间的界面切应力 τ 和界面剥离应力 σ。

表 3.2　含有不同体积分数 Ni 的阳极功能层的材料属性

材料属性	V=10%	V=20%	V=28%	V=40%	V=56%
弹性模量 E/GPa	130.6	117.2	107.8	95.04	79.7
泊松比 μ	0.36	0.36	0.36	0.36	0.36

将电解质下表面的正应力和切应力的有限元模拟结果导出，并与其理论计算结果进行比较，结果如图 3.7 所示。为了便于分析结果，我们对横纵坐标都进行了归一化处理，结果表明，电池自由端附近的阳极-电解质界面热应力要远远大于其他区域。由图 3.7（a）可知，阳极-电解质之间的界面切应力 τ 在对称轴附近的值很小并沿 x 轴正方向略有增长。但在电池自由端附近，由于材料的奇异性使得界面切应力急剧增加。而对于阳极-电解质之间的界面剥离应力 σ 而言，如图 3.7（b）所示，其变化趋势与切应力类似。界面剥离应力在对称轴附近的值很小，但在电池自由端附近增大到最大拉应力，又进而迅速减小成为负值，直到在 $x=l$ 处达到最大压应力。Liu 等和 Jiang 等关于层状结构界面热应力的分析结果与上述结论一致。

从图 3.7 所示的分析曲线中可以看出，有限元模拟得到的界面热应力的总体趋势与理论计算结果基本一致，但在电池自由端附近存在差异。造成这种差异的原因在于应力奇异点存在于 SOFC 电极和电解质之间界面的自由端，而且由于有限元软件的解析算法计算的是网格单元内部积分点而不是 $x=l$ 处的节点，使得有限元模拟不能准确地表征应力奇异点处的应力分布。

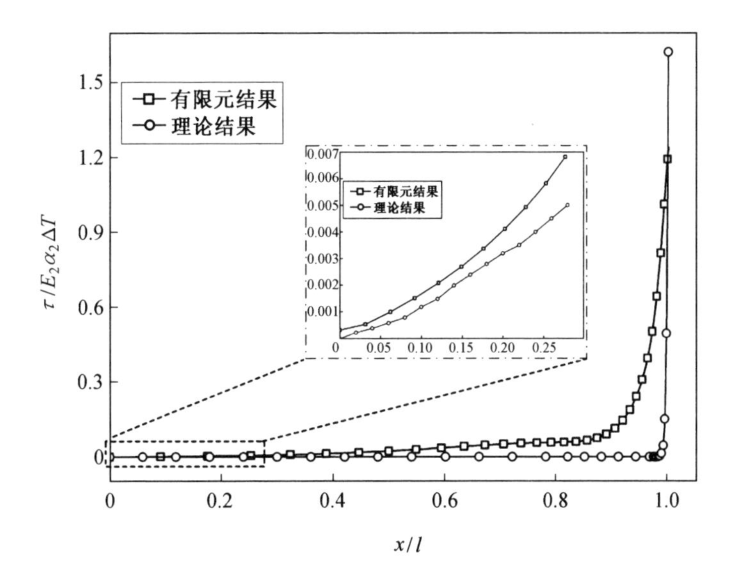

（a）阳极和电解质之间的界面切应力

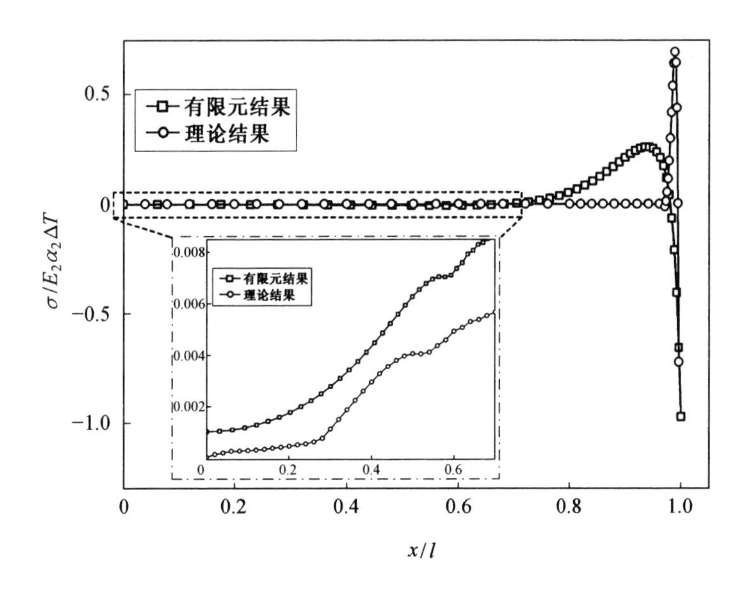

（b）阳极和电解质之间的界面剥离应力

图 3.7　界面热应力的模拟结果和实验结果的对比

另外，界面层的弹性模量与阳极和电解质的弹性模量相差不多，这也会造成有限元分析和理论计算结果的差异。因此，需要根据前人的研究，对有限元模拟得到的界面热应力结果进行修正。Airy 应力函数法（控制方程 $\nabla^4\phi=0$）、Mellin 转换（转换方程 $\hat{\phi}(s,\upsilon)=\int_0^\infty \phi(s,\upsilon)r^{s-1}\mathrm{d}r$）和保角映射都可以用来研究电极与电解质界面自由端附近的界面热应力。界面附近的界面剥离应力的表达式为

$$\sigma_{\text{edge}}=\frac{K_{\text{I}}}{\left[1-\left(\dfrac{x}{l}\right)\right]^{2-\vartheta}} \tag{3.19}$$

界面切应力的表达式为

$$\tau_{\text{edge}}=\frac{K_{\text{II}}}{\left[1-\left(\dfrac{x}{l}\right)\right]^{2-\vartheta}} \tag{3.20}$$

其中，K_{I}、K_{II} 分别为剥离应力 σ_{edge} 和切应力 τ_{edge} 的强度因子，且二者均为常数；ϑ 为一个常数，其值取决于电池各层弹性模量的组合，$1<\vartheta<2$。当界面层的弹性模量远小于其上下两层的弹性模量时，即 $E_{\text{inter}} \ll E_1$、$E_{\text{inter}} \ll E_2$，ϑ 的取值为 $1.663\ 3<\vartheta<1.682\ 0$；当界面层的弹性模量与其上下两层的弹性模量接近时，即 $E_{\text{inter}}\approx E_1$、$E_{\text{inter}}\approx E_2$，$\vartheta$ 的取值为 $1.792\ 5<\vartheta<1.887\ 5$。基于此，可以得到有限元模拟结果修正后的表达式。综上所述，有限元模拟结果可以描述界面热应力的变化趋势，而修正后的表达式可以为界面自由端附近的模拟结果提供更准确的应力预测。

3.4.2 阳极-电解质界面与阴极-电解质界面的热应力比较

图 3.8 给出了阳极-电解质界面和阴极-电解质界面的热应力随 x 轴的变化曲线。从图中可以看出，二者的应力变化趋势基本一致，但阳极-电解质界面的整体应力水平更高。如图 3.8（a）所示，阳极-电解质界面和阴极-电解质界面的切应力 τ 的值在对称轴附近很小并在 $x/l<0.988$ 范围内沿 x 轴正方向逐渐增加，在此范围内两种界面的切应力值相差不多。但随后两种界面之间的切应力差异逐渐增大，且在 $x=l$ 时达到最大，此时阳极-电解质的界面切应力值是阴极-电解质的 3 倍左右。而对于界

面剥离应力 σ，如图 3.8（b）所示，当 x/l<0.97 时，两种界面的剥离应力都非常小。沿着 x 轴的正方向，界面剥离应力逐渐增大，在出现峰值即达到最大拉应力后转而下降成为负值，最终在 $x=l$ 处达到最大压应力，且最大压应力的值约为最大拉应力的 4 倍。两种界面剥离应力的变化趋势基本一致，但阴极-电解质的界面应力水平与阳极-电解质界面相比较低。

以上分析结果表明，SOFC 自由端处的界面热应力（包括界面切应力和界面剥离应力）较高，因此 SOFC 边缘更加容易发生开裂。另外，阳极-电解质界面的热应力水平高于阴极-电解质界面，因此阳极层和电解质层之间的界面更容易失效，需要比阴极-电解质界面更着重关注。以上结果与 Liu 等，Hsiao 和 Selman，Zhang 等以及 Laurencin 等的理论分析结果一致，并与 Selçuk 和 Merere 的实验结果一致，后者在实验中观察到了阳极-电解质界面边缘的局部脱层现象。

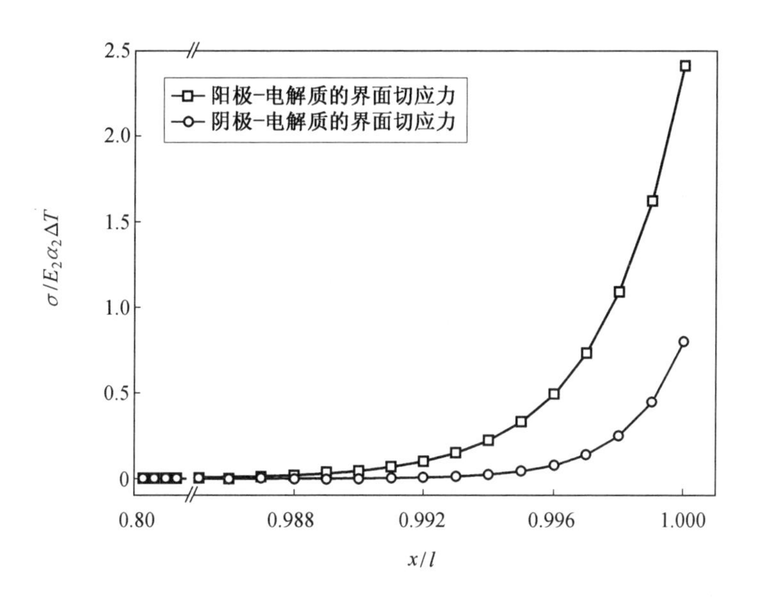

（a）界面切应力 τ

图 3.8　阳极-电解质界面和阴极-电解质界面的热应力比较

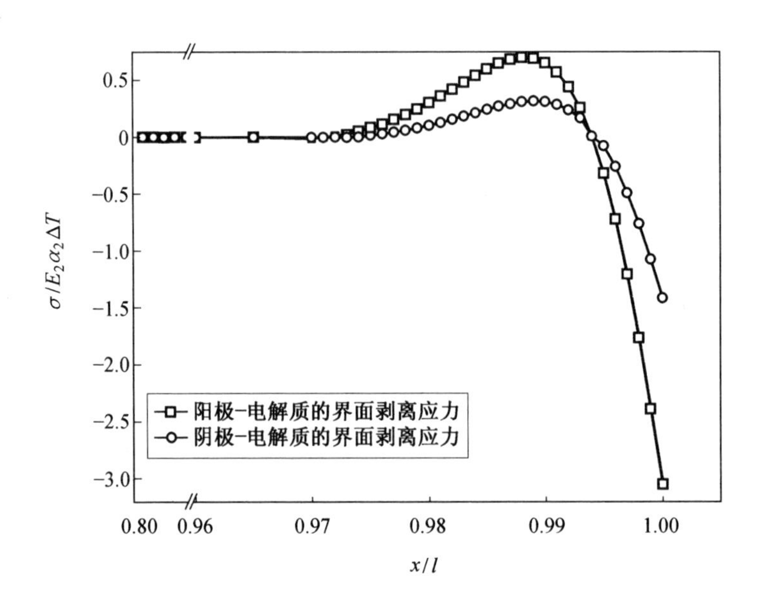

（b）界面剥离应力σ

续图 3.8

3.4.3 阳极功能层对界面热应力的影响

在第 2 章的分析中，将阳极功能层引入 SOFC 中并将其分为 m 个子层，且各子层的材料成分梯度变化，从而达到了结构优化、减小阳极与电解质界面之间的最大主应力等目的。在本节的分析中，将不同组分梯度指数 n 的单层阳极功能层（m=1）引入 SOFC 中，来分析其对界面热应力的影响。阳极功能层（Ni-YSZ）的厚度为 60 μm，所以将其引入后阳极的厚度变为 600 μm，以保证结果的可比性。当 n 分别取不同值，即 n=0.5、n=1.0、n=2.0 时，阳极功能层中 Ni 的体积分数 V 分别为 V=56%、V=40%、V=20%。三种情况下阳极功能层的材料属性可以通过式（3.8）计算得出，结果见表 3.2。

图 3.9 给出了当阳极功能层的组分梯度指数 n 取不同值时，阳极-电解质界面热应力沿横轴的变化情况。如图 3.9（a）所示，随着 n 的增加，阳极-电解质界面的切应力 τ 也随之增加。特别是在电池的自由端附近，三种组分梯度指数对应的界面切应力的差别尤其明显，其中 n=0.5 时的界面切应力是 n=2.0 时的两倍多。界面剥离应力也同样出现了类似的情况，如图 3.9（b）所示，当 n 取不同值时，界面剥离应力随着 n 的增大而减少，无论是最大拉应力还是最大压应力都遵循这个规律。因此，对于含有单层阳极功能层的 SOFC 而言，阳极-电解质界面的热应力最小值在阳极功能层的组分梯度指数为 n=2.0 时获得（与 n=0.5 和 n=1.0 相比）。该结果与第 2 章中得到的结果相同。

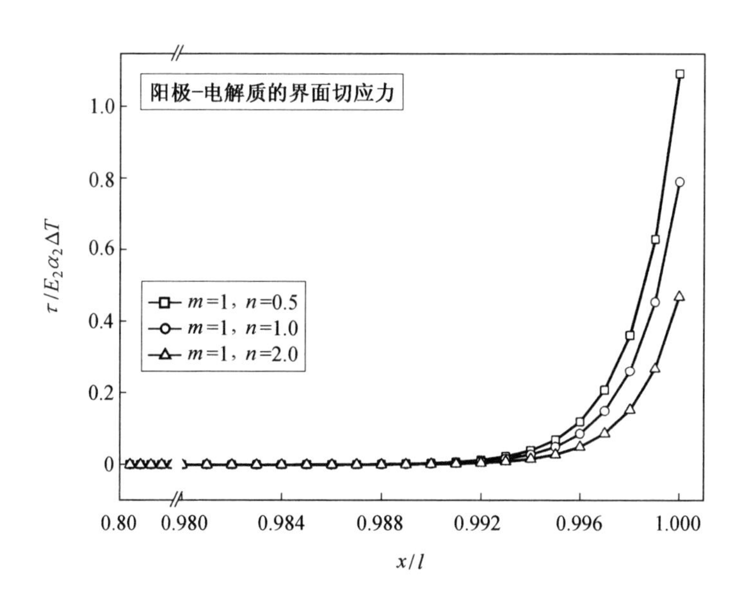

（a）界面切应力 τ

图 3.9　阳极功能层的组分梯度指数 n 对阳极-电解质界面热应力的影响

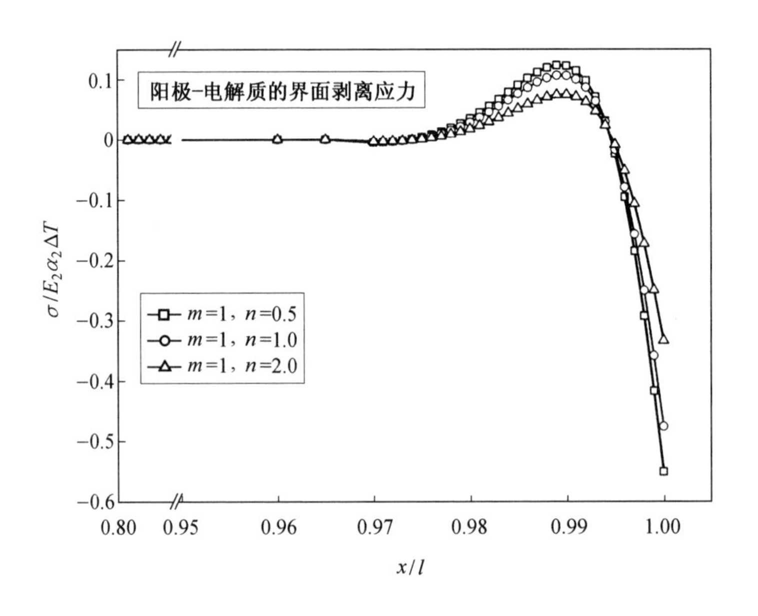

（b）界面剥离应力σ

续图 3.9

3.4.4 界面层厚度对界面热应力的影响

根据前人的研究，界面层的厚度可能与 SOFC 的烧结温度、操作时间、材料性能等因素有关。实验发现，界面层的厚度大约为 1 μm、0.2 μm 甚至小至几十纳米。为了分析界面层厚度对界面热应力的影响，采用了三种厚度的界面层，即 h_{inter}=0.2 μm、h_{inter}=0.6 μm 和 h_{inter}=1.0 μm，来比较不同情况下阳极-电解质界面热应力值的大小。

图 3.10 给出了不同厚度的阳极功能层下电池的阳极-电解质界面热应力随正则化横坐标的变化情况。从图 3.10（a）可以看出，在对称轴附近，三种情况下的界面切应力都很小；而当 x/l >0.980 时，三种界面层厚度对应的界面切应力才开始显现出差别。从图中可以看出，随着界面层厚度 h_{inter} 的增加，界面切应力的值也随之增加，

且三种情况下的应力相差不多。但当 $x/l>0.996$ 时，情况发生了反转，即界面切应力随着界面层厚度的增加而减小，且三种情况下的应力差随着横坐标的增加而逐渐增大。图 3.10（b）给出了三种不同厚度的界面层对应的阳极-电解质界面之间剥离应力的变化情况。从图中可以看出，界面最大拉应力和最大压应力都是在界面层厚度为 h_{inter}=0.2 μm 时取得；而界面最小拉应力和最小压应力都是在界面层厚度为 h_{inter}=1.0 μm 时取得；h_{inter}=0.6 μm 对应的界面应力值则介于以上两种情况之间。综上所述，当界面层的厚度 h_{inter}=1.0 μm 时，阳极-电解质界面的热应力最小，所以此时 SOFC 的稳定性更高。

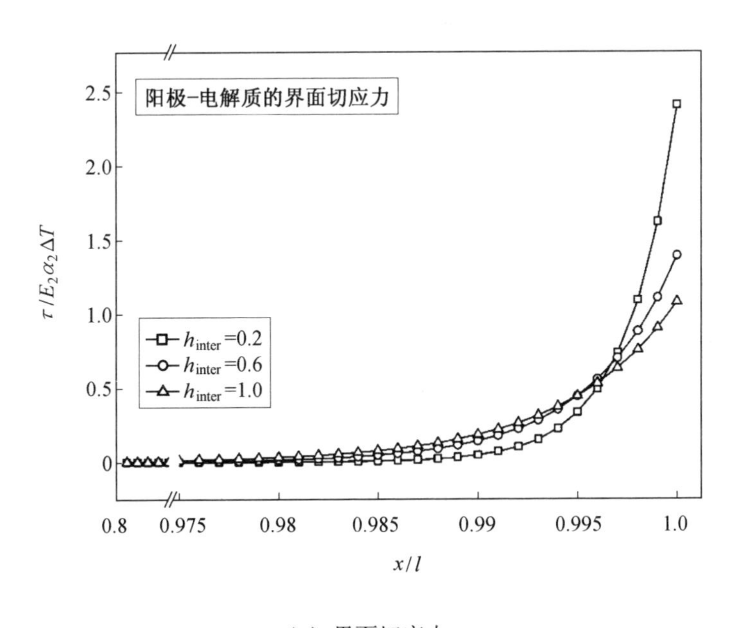

（a）界面切应力 τ

图 3.10　阳极界面层的厚度对阳极-电解质界面热应力的影响

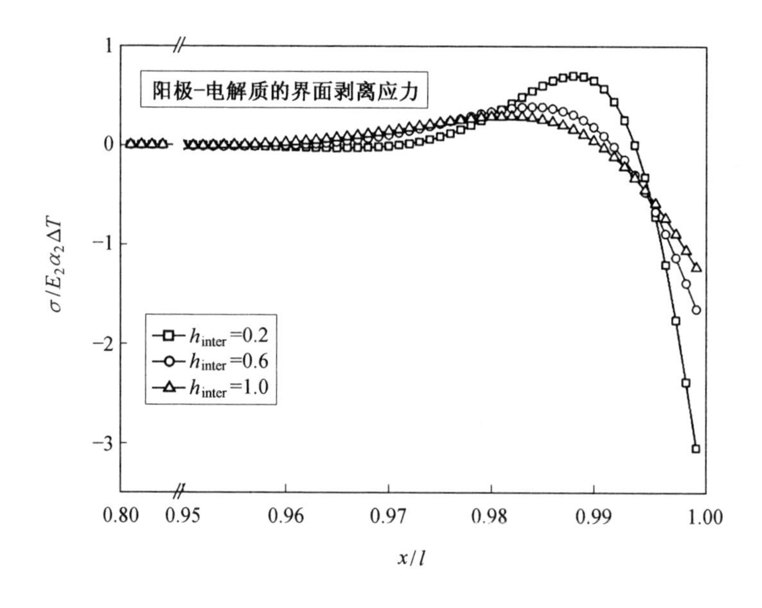

（b）界面剥离应力σ

续图 3.10

3.5 本章小结

本章通过建立阳极支撑平板型 SOFC 的基本理论模型和有限元模型，对热载荷作用下电极与电解质界面的热应力，包括界面切应力τ和界面剥离应力σ进行了计算。基于界面层的形成机理和组分分布以及 SOFC 半电池系统的应力分析，可以得到界面层的材料属性，并准确、明确地推导出与电解质、电极和界面层性能有关的界面热应力解析式。此外，本章建立了二维有限元模型，对界面热应力进行了数值模拟，并与理论计算结果进行了比较，从而验证了理论模型的正确性。为了分析 SOFC 自由端附近界面热应力的模拟结果与理论结果的差异，我们给出了数值模拟结果中界面热应力的修正表达式。之后，将阳极-电解质界面和阴极-电解质界面的热应力进行了比较，结果表明，阳极-电解质界面的热应力水平更高，从而更有可能发生失效和局部分层。再者，将单层阳极功能层引入 SOFC 中，分析了阳极功能层组分梯度指数对阳极-电解质界面热应力的影响，发现其随着组分梯度指数的增大而增大。最后，本章分析了界面层厚度对界面热应力的影响。结果表明，随着界面层厚度的增加，电池的界面切应力和剥离应力均随之减小。因此与厚度为 0.2 μm 和 0.6 μm 的界面层相比，1.0 μm 厚的界面层更适合界面热应力的优化。本章的理论模型为提高 SOFC 界面强度提供了指导，并促进了 SOFC 的实际应用。

第4章　界面形函数对波纹型电池界面强度的影响

4.1　概述

近年来,波纹型 SOFC 逐渐受到人们的关注。其原因在于,与传统的平板型 SOFC 相比，波纹型 SOFC 可以通过增大电池三相界面（Triple Phase Boundary，TPB）的长度来获得更高的燃料利用率和电流密度，还可以减小电池内部的温度差，从而提高电池的耐久性。与典型的平板型 SOFC 相似，阳极支撑的波纹型 SOFC 也包括三个组成部分，即多孔的阳极和阴极，以及厚度只有几十微米甚至更薄的致密电解质薄膜。但与平板型 SOFC 不同的是，波纹型 SOFC 的电极和电解质之间的界面是波纹状的，而不是平板状的。

目前关于波纹型 SOFC 的研究仍然处于初级阶段，而且主要集中在其电化学性能上。例如在中尺度结构的基础上，Cebollero 等通过脉冲激光法使电解质表面形成了波纹状的微观图案，并制备了 LSM-YSZ/YSZ/LSM-YSZ 的对称电池模型。通过观察电池的电化学阻抗谱（Electrochemical Impedance Spectroscopy，EIS）发现，与未加工的电池相比，加工后的电池极化电阻下降了约 30%，这都归功于波纹状电极-电解质界面活化性能的提高。Su 等制备了具有波纹状电解质薄膜的 SOFC，并通过测试发现波纹型 SOFC 的功率密度与平板型 SOFC 相比有所增加。Chao 等通过纳米球刻蚀和原子沉积法制备了波纹型 SOFC，实验结果表明，波纹型 SOFC 在相对较低温度 500 ℃下也能取得较高的功率密度。

在实际应用上，波纹型电池的制造成本和耐久性依然是制约其商业化的主要因素。电池的制造成本是由其制造工艺、产品数量、工艺规模和生产周期等众多因素决定的。从仅有的一些关于波纹型 SOFC 的实验来看，波纹型 SOFC 的制备可以通过脉冲激光法或原子层沉积法来完成。与平板型 SOFC 相比，波纹型 SOFC 的制备过程不仅复杂而且昂贵，但随着技术的革新和发展，其制备的复杂性和成本都会降低。电池的耐久性可以用 Weibull 理论来估算，即通过估算结构断裂风险的失效概率 P_f 来反映其耐久性。而诸如电池脱层、开裂等力学问题，则会对电池的耐久性和稳定性产生很大的影响，因此需要对其进行进一步深入研究。

电池脱层的形成机制可以描述：在残余应力的作用下，电解质可能会产生厚度方向的裂纹或界面上的裂纹；当电解质中储存的弹性应变能超过界面的粘接能时，界面裂纹就会扩展；而随着这些裂纹的扩展，最终会导致电解质薄膜与电极之间发生脱层。一旦发生脱层，脱层区域的电池欧姆电阻就会成倍增加，从而阻碍离子和电子在电解质和电极之间的传递，使得该区域失去电化学活性，最终导致整个 SOFC 失效。所以，为了保证 SOFC 的稳定性和耐久性，就必须提高电池的界面强度，减小界面脱层发生的概率。

界面强度的研究通常可以通过压痕法、剥离法等方法进行分析。压痕法可以用来研究平板型 SOFC 的界面强度，但这种方法并不适合波纹型 SOFC。而剥离法既可以用于平板型电池，也可以用于波纹型电池。剥离法通常应用在薄膜-基底系统上。由于电解质很薄，所以包括电解质和阳极基底在内的半阳极支撑波纹型 SOFC 即属于薄膜-基底系统，可以通过剥离法来研究其阳极-电解质界面的界面强度。

目前，对于波纹型 SOFC 界面强度的理论研究还很有限。为了进一步分析这一问题，本章采用了剥离法来研究半阳极支撑波纹型 SOFC 的界面强度。其大致原理为：利用作用在电解质薄膜上的剥离力来表征电解质薄膜与阳极基底之间的界面强度。基于势能原理和半电池系统的第一变分原理，用抛物线函数来表征波纹状的界面形态，并推导出不同剥离角下剥离力的解析解。另外，本章还比较了用正弦形函数和抛物线形函数描述的界面形态所对应的剥离力变化趋势和极值，并在确定的几何参数范围内，明确了提高界面强度的最佳波纹状形貌的形函数。

4.2 理论模型

典型的半阳极支撑波纹型 SOFC 包括阳极和电解质两个组成部分，阳极材料为 Ni-YSZ，电解质材料为 YSZ。在本节的分析中，假设在 SOFC 中使用的所有材料都是均匀、各向同性的，并将该材料定义为线弹性模型。对于研究的半电池系统，需要将阳极基底和电解质薄膜制备在一起，使电解质薄膜完全黏附在阳极基底上。

基于势能原理和半电池系统的第一变分原理，电解质与阳极之间的波纹状界面的界面强度可以通过从阳极基底上剥离电解质薄膜的过程来研究。半阳极支撑波纹型 SOFC 的剥离过程示意图如图 4.1（a）所示。图中 h 表示电解质薄膜的厚度，s 表示薄膜上任意一点到原点的弧长，θ 为薄膜上任意一点的切线与横轴之间的夹角，即薄膜的倾角。在剥离过程的初始阶段，弧长为 l 的电解质黏附在阳极基底上，如图 4.1（a）中的 OC 段所示。拉力 $\boldsymbol{F}$ 作用在薄膜的一端，向量 $\boldsymbol{F}$ 与 x 轴的夹角称为拉力 $\boldsymbol{F}$ 的剥离角，用 θ_F 表示。在拉力 $\boldsymbol{F}$ 的作用下，长度为 $L-l$ 的电解质弧段 BC 被从阳极基底上剥离下来，此时 C 点移动到 C'点。而剩余的电解质薄膜，即 OB 弧段依然黏附在阳极基底上。在整个剥离过程中，外力 $\boldsymbol{F}$ 的剥离角始终保持为 θ_F。另外，将电解质薄膜上临界点 B 的倾角定义为 φ。

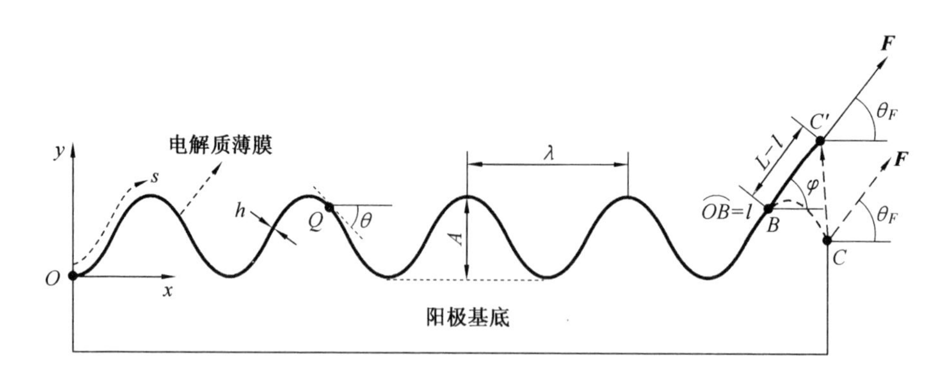

（a）半阳极支撑波纹型 SOFC 的剥离过程示意图

图 4.1　半电池系统的剥离过程示意图及界面形态

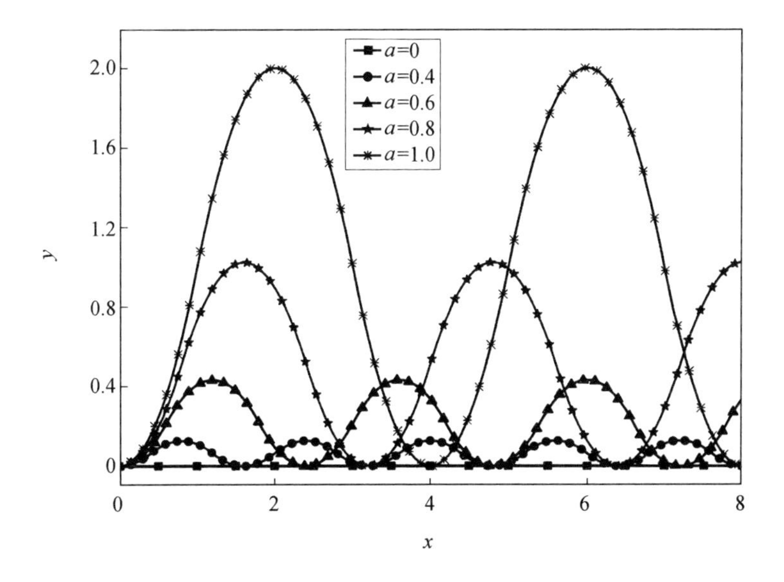

（b）不同无量纲参数 a 下的阳极-电解质界面的界面形态（$a \geqslant 0$）

续图 4.1

阳极和电解质之间波纹状界面的界面形态可以用不同的形函数来表征，例如正弦函数、指数函数、抛物线函数等。本节中的理论模型采用了抛物线函数作为界面形态的形函数，其表达式为

$$Y(x)=\sum_{i=1}^{n} y_i(x) \tag{4.1}$$

$$y_i(x)=a^3+(-1)^{i-1}\left\{a\left[x_i-2(i-1)a\right]^2-a^3\right\} \tag{4.2}$$

其中，a 为界面几何参数；x_i 的取值范围为$(2i-3)a \leqslant x_i \leqslant (2i-1)a$，且 $x_i \geqslant 0$。如图 4.1（b）所示，抛物线函数 $Y(x)$是周期函数，其振幅为 $A=2a^3$，波长为$\lambda=4a$。当 a 取不同值时，抛物线函数的振幅和波长也随之变化。而当 a=0 时，波纹状界面即退化为平面界面。另外，电解质薄膜与阳极基底黏附部分的弧长 l 可以表示为

$$l=\int_0^a \sqrt{1+y_1'^2}\,\mathrm{d}x+\sum_{i=2}^{n-1}\int_{(2i-3)a}^{(2i-1)a}\sqrt{1+y_i'^2}\,\mathrm{d}x+\int_{(2n-3)a}^{x}\sqrt{1+y_n'^2}\,\mathrm{d}x \tag{4.3}$$

其中，n=2.5T，T为周期。由于薄膜上任意一点的倾角θ的正切值等于薄膜形函数的一阶导数，所以

$$\theta=\arctan y_i'=\arctan\{(-1)^{i-1}2a[x_i-2(i-1)a]\}_i \tag{4.4}$$

对于半电池系统而言，其势能可以表示为

$$U=U_{\mathrm{b}}+U_{\mathrm{t}}-W_F-U_{\mathrm{a}} \tag{4.5}$$

其中，U_{b}和U_{t}分别为电解质薄膜的弯曲弹性能和应变能；W_F为外力$\boldsymbol{F}$做的功；U_{a}为电解质薄膜和阳极基底之间的界面粘接能。

电解质薄膜的弯曲弹性能U_{b}可以表示为

$$U_{\mathrm{b}}=U_{\mathrm{b1}}+U_{\mathrm{b2}}=\int_0^l\frac{K}{2}\theta'^2\mathrm{d}s+\int_l^L\frac{K}{2}\theta'^2\mathrm{d}s \tag{4.6}$$

其中，K为薄膜的弯曲刚度分布，$K=\dfrac{Eh^3}{12}$。由于θ'为薄膜的曲率，那么曲率θ'和抛物线函数解析式$Y(x)$之间的关系为

$$\theta'=\frac{|Y''|}{(1+Y'^2)^{\frac{3}{2}}} \tag{4.7}$$

将式（4.7）的分母进行泰勒展开并省略高阶项，则U_{b1}可以改写为

$$\begin{aligned}U_{\mathrm{b1}}&=\int_0^l\frac{K}{2}\theta'^2\mathrm{d}s=\int_0^x\frac{K}{2}Y''^2\mathrm{d}x\\&=\int_0^a\frac{K}{2}y_1''^2\mathrm{d}x+\int_a^{3a}\frac{K}{2}y_2''^2\mathrm{d}x+\cdots+\int_{(2n-5)a}^{(2n-3)a}\frac{K}{2}y_{n-1}''^2\mathrm{d}x+\int_{(2n-3)a}^{x}\frac{K}{2}y_n''^2\mathrm{d}x \qquad (4.8)\\&=\frac{Ea^2h^3x}{6}\end{aligned}$$

电解质薄膜的应变能 U_{t} 可以表示为

$$U_{\mathrm{t}}=\int_{l}^{L}\frac{1}{2}Eh\varepsilon^{2}\mathrm{d}s \tag{4.9}$$

其中，E 为电解质的弹性模量；ε 为电解质的弹性应变，$\varepsilon=\dfrac{F\cos(\theta-\theta_F)}{Eh}$。

外力 $\boldsymbol{F}$ 做的功 W_F 的表达式为

$$W_F=\boldsymbol{F}\cdot\boldsymbol{u}_F+\int_{l}^{L}F\varepsilon\mathrm{d}s \tag{4.10}$$

其中，$\boldsymbol{F}$ 为向量，$\boldsymbol{F}=(F\cos\theta_F, F\sin\theta_F)$；$\boldsymbol{u}_F$ 为向量 $\boldsymbol{F}$ 在电解质薄膜上的作用点 C'的位移，且 $\boldsymbol{u}_F$ 可以表示为

$$\boldsymbol{u}_F=\int_{l}^{L}(\cos\theta-\cos\theta_F,\ \sin\theta-\sin\theta_F)^{\mathrm{T}}\mathrm{d}s \tag{4.11}$$

我们知道，任意一点的位移都是相对于参考点而定义的，那么在本节的分析中，位移参考点的坐标为

$$(L\cos\theta_F,\ L\sin\theta_F) \tag{4.12}$$

电解质和阳极之间的界面粘接能 U_{a} 可以表示为

$$U_{\mathrm{a}}=\int_{0}^{l}\Delta\gamma\mathrm{d}s=\Delta\gamma l \tag{4.13}$$

其中，$\Delta\gamma$ 为薄膜和基底之间的粘接能常量。

将式（4.6）～（4.13）代入式（4.5）中，则半电池系统的势能 U 可以表示为

$$\begin{aligned}U=&\frac{Ea^{2}h^{3}x}{6}+\int_{l}^{L}\frac{K}{2}\theta'^{2}\mathrm{d}s+\int_{l}^{L}\frac{F^{2}}{2Eh}\cos^{2}(\theta-\theta_F)\mathrm{d}s-\\&\int_{l}^{L}F\left[\cos(\theta_F-\theta)-1\right]\mathrm{d}s-\int_{l}^{L}\frac{F^{2}}{Eh}\cos(\theta-\theta_F)\,\mathrm{d}s-\Delta\gamma l\end{aligned} \tag{4.14}$$

为了求解式（4.14）的平衡状态，根据最小势能原理将势能 U 分别对 θ 和 l 求变分，从而得到

$$\begin{aligned}\delta U(\theta)=&K\theta'\delta\theta\Big|_l^L-\int_l^L K\theta''\delta\theta\mathrm{d}s-\int_l^L\frac{F^2}{Eh}\cos(\theta-\theta_F)\sin(\theta-\theta_F)\delta\theta\mathrm{d}s\\&+\int_l^L F\sin(\theta-\theta_F)\delta\theta\mathrm{d}s+\int_l^L\frac{F^2}{Eh}\sin(\theta-\theta_F)\delta\theta\mathrm{d}s\end{aligned}\tag{4.15}$$

$$\delta U(l)=\frac{\partial U_{\mathrm{b1}}}{\partial l}\delta l+\left[\frac{1}{2}K\theta'^2\delta l-\frac{F^2}{2Eh}\cos^2(\theta-\theta_F)+\frac{F^2}{Eh}\cos(\theta-\theta_F)\right]\Bigg|_{s=l}\delta l-\Delta\gamma\delta l\tag{4.16}$$

其中

$$\frac{\partial U_{\mathrm{b1}}}{\partial l}=\frac{\partial U_{\mathrm{b1}}}{\partial x}\frac{\partial x}{\partial l}=\frac{Ea^2h^3}{6\sqrt{1+4a^2\left[x_i-2(i-1)a\right]^2}}\tag{4.17}$$

由于将剥离力 $\boldsymbol{F}$ 作用在电解质薄膜上，弧长为 $L-l$ 的薄膜被剥离，而弧长为 l 的薄膜依然黏附在阳极基底上。所以半电池系统的边界条件可以表示为

$$\theta(l)=\varphi,\ \theta(L)=\theta_F,\ \theta'(L)=0\tag{4.18}$$

如果要达到平衡状态和准静态过程，所有关于 $\delta\theta$ 和 δl 的一阶变分必须消除且与边界条件保持一致。因此，将式（4.15）～（4.18）联立，可以得到准静态控制方程，即

$$K\theta''+\frac{F^2}{Eh}\cos(\theta-\theta_F)\sin(\theta-\theta_F)-F\sin(\theta-\theta_F)-\frac{F^2}{Eh}\sin(\theta-\theta_F)=0\tag{4.19}$$

$$\frac{1}{2}K\varphi'^2-\frac{F^2}{2Eh}\cos^2(\varphi-\theta_F)+\frac{F^2}{Eh}\cos(\varphi-\theta_F)+\frac{Ea^2h^3}{6\sqrt{1+4a^2\left[x_i-2(n-1)a\right]^2}}-\Delta\gamma=0\tag{4.20}$$

将式（4.19）两侧都乘以 θ'，并对其从 $\theta(l)$ 到 $\theta(L)$ 进行积分，则式（4.19）变为

$$-\frac{1}{2}K\varphi'^2-\frac{F^2}{2Eh}\sin^2(\varphi-\theta_F)+F[1-\cos(\varphi-\theta_F)]+\frac{F^2}{Eh}[1-\cos(\varphi-\theta_F)]=0 \quad (4.21)$$

将式（4.20）和式（4.21）联立起来并重新整合各项可以得到

$$\frac{F^2}{2Eh}+F[1-\cos(\theta_F-\varphi)]+\frac{Ea^2h^3}{6\sqrt{1+4a^2[x_i-2(i-1)a]^2}}-\Delta\gamma=0 \quad (4.22)$$

观察式（4.22）可以发现，剥离力 $\boldsymbol{F}$ 是关于电解质薄膜属性（包括薄膜厚度 h 和薄膜弹性模量 E）、系统几何参数（剥离角 θ_F、界面几何参数 a、临界点倾角 φ）和界面粘接能常量$\Delta\gamma$ 的二次方程，且随横坐标 x_i 变化。

为了能够更直观地分析结果，对几个主要的物理量进行无量纲处理，即

$$\boldsymbol{F}=\frac{F}{Eh},\ \Delta\gamma=\frac{\Delta\gamma}{Eh},\ h=\frac{h}{\lambda}=\frac{h}{4a},\ x=\frac{x}{\lambda}=\frac{x}{4a} \quad (4.23)$$

将式（4.23）代入式（4.22）中可以得到

$$\frac{1}{2}\boldsymbol{F}^2+\boldsymbol{F}[1-\cos(\theta_F-\varphi)]-\Delta\gamma+\frac{8a^4h^2}{3\sqrt{1+16a^4(2x_i-i+1)^2}}=0 \quad (4.24)$$

所以，通过求解式（4.24）就可以得到正则化剥离力 $\boldsymbol{F}$ 的解析表达式，即

$$\boldsymbol{F}=\cos(\theta_F-\varphi)-1+\sqrt{[1-\cos(\theta_F-\varphi)]^2+2\Delta\gamma-\frac{16a^4h^2}{3\sqrt{1+16a^4(2x_i-i+1)^2}}} \quad (4.25)$$

其中，$x_i\in\left[\frac{2i-3}{4},\frac{2i-1}{4}\right]$，且

$$\tan\varphi=(-1)^{i-1}4a^2(2x_i-i+1) \quad (4.26)$$

获得正则化剥离力 $\boldsymbol{F}$ 最大值的条件为

$$\frac{\partial \boldsymbol{F}}{\partial x_i}=0,\ \frac{\partial^2 \boldsymbol{F}}{\partial {x_i}^2}<0,\ \theta_F-\varphi=\min(\theta_F-\varphi) \tag{4.27}$$

由此，可以得到正则化剥离力 $\boldsymbol{F}$ 的最大值，其表达式为

$$\boldsymbol{F}_{\max}=\cos(\theta_F-\varphi)-1+\sqrt{[1-\cos(\theta_F-\varphi)]^2+2\Delta\overline{\gamma}-\frac{16a^4h^2}{3\sqrt{1+4a^4}}} \tag{4.28}$$

其中，$x_i=\dfrac{2i-1}{4}$（i 是奇数）且 $\varphi=\arctan 2a^2$。另外，正则化剥离力 $\boldsymbol{F}$ 的最小值也可以通过类似的方法得到。

剥离力 $\boldsymbol{F}$ 的计算方法，即式（4.25）不仅可以应用于波纹状界面，也可以应用于平板状界面。当界面是平板状时，界面形函数的振幅为零，即 a=0。所以，此时的式（4.25）将会退化为

$$\boldsymbol{F}=\cos\theta_F-1+\sqrt{(1-\cos\theta_F)^2+2\Delta\gamma} \tag{4.29}$$

平板状界面对应的剥离力表达式（4.29），与 Kinloch 的稳态理论和 Kendall 将弹性薄膜从刚性基底上剥离的实验结果吻合度都很高，进而间接证明了本书理论模型的正确性。

4.3 结果与讨论

4.3.1 不同几何参数下剥离力随横坐标的变化情况

当界面几何系数 a 取不同值时，半电池系统电解质薄膜和阳极基底之间的界面形态如图 4.1（b）所示。当 a=0 时，波纹状界面退化为平板状界面；而当 a>0 时，界面的振幅和波长都随着 a 的增加而增加，特别是振幅的增加尤其明显。

根据式（4.25）给出的正则化剥离力 $\boldsymbol{F}$ 的表达式，对不同剥离角 θ_F 下，正则化剥离力与横坐标的关系进行了分析，如图 4.2 所示。相应的无量纲界面粘接能常量 $\Delta\gamma$ 和电解质薄膜厚度 h 分别取值为 $\Delta\gamma=0.005$ 和 $h=0.005$。从图 4.2 中可以看出，对于指定的剥离角，当 $a=0$ 时，剥离力沿横轴一直保持不变。而当 $a>0$ 时，剥离力沿横轴周期性变化，且最大剥离力比 $a=0$ 时的大。由于薄膜的极限剥离强度是由最大剥离力决定的，所以从以上分析可以得出，在半电池系统中引入波纹状界面能够提高界面的极限剥离强度。Zhao 等通过数值模拟也得出了相同的结论。由于极限剥离强度越高，电池发生脱层的可能性就越低，最终就越能提高 SOFC 的稳定性。此外，从图 4.2 中还可以看出，在大部分情况下剥离力是正值，也就是说电解质薄膜受到的是拉力。而当 $a=1.0$ 时，剥离力在某些横坐标范围内是负值，即薄膜受到了压力，所以薄膜在这些位置更容易发生局部脱层。另外，随着 a 的取值发生变化，剥离力的最大值和最小值的位置也随之变化，但数值却没有表现出特定的相关性。对于剥离力取最大值时的位置，其并没有随 a 的变化而改变，而是一直位于 $\dfrac{x}{\lambda}=\dfrac{1}{4}$ 处；而对于剥离力取最小值时的位置，当 $a<1$ 时其位于 $\dfrac{x}{\lambda}=\dfrac{3}{4}$ 处，当 $a=1$ 时其位于 $\dfrac{x}{\lambda}=\dfrac{1}{4}$ 处。最后，当 $\theta_F=90°$ 时，剥离力的最大值随着 a 的增加而增大，最小值随着 a 的增加而减小，如图 4.2（a）所示。而当 $\theta_F=60°$ 时，剥离力的最大值与 a 之间的关系并不是单调递减的，即 $a=1.0$ 时的最大剥离力小于 $a=0.8$ 时的最大剥离力。由此可以得出结论，即仅当 a 在一定范围内且剥离角取某些特定值时，界面的最大剥离力与 a 之间的关系是单调的。另外，当 a 的取值过大时，最大剥离力的值可能会随着 a 的增加而减小，甚至成为负值。

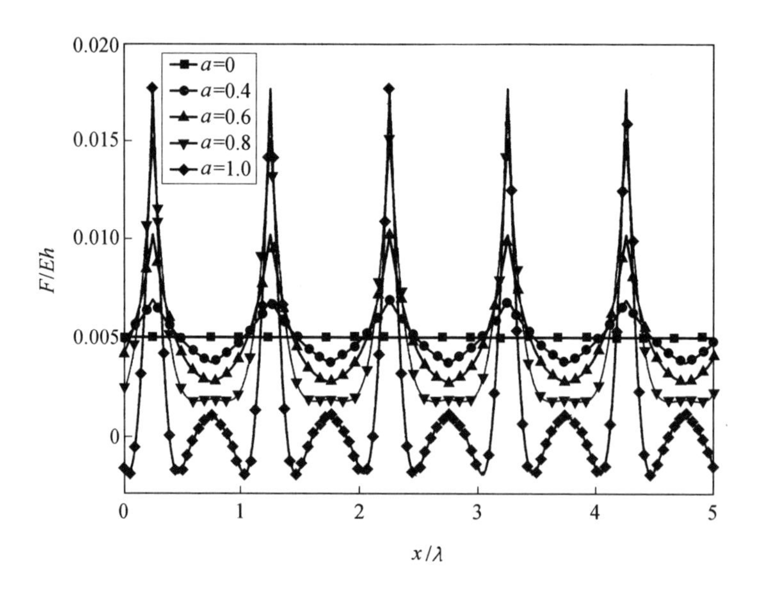

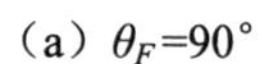
（a）θ_F=90°

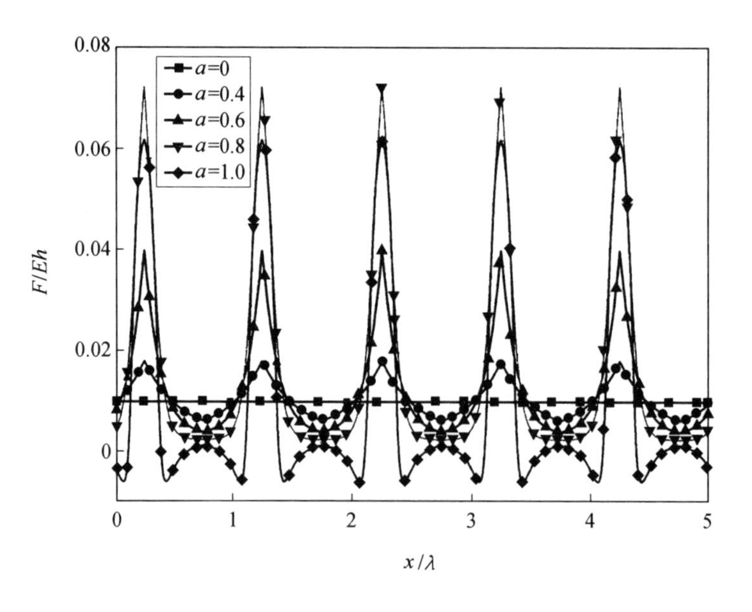

（b）θ_F=60°

图 4.2　正则化剥离力与正则化横坐标之间的关系曲线

4.3.2　不同界面形函数对剥离力的影响

波纹状的界面形态可以用不同的形函数来表征，当形函数变化时，半电池系统的剥离力也随之变化。当改用正弦函数作为界面的形函数，即

$$y = k - k\cos\frac{2\pi x}{\lambda} \tag{4.30}$$

其中，λ为波长；A 为振幅，A=2k，此时对应的正则化剥离力 $\boldsymbol{F}$ 也可以从上述的理论中推导出来，其结果为

$$\boldsymbol{F}_{\sin} = \cos(\theta_F - \varphi) - 1 + \sqrt{\left[1 - \cos(\theta_F - \varphi)\right]^2 + 2\Delta\gamma - \frac{2\pi^4 k^2 h^2\left[1 + \cos(4\pi x)\right]}{3\sqrt{1 + 4\pi^2 k^2 \sin^2(2\pi x)}}} \tag{4.31}$$

其中，$k = \frac{k}{\lambda}$；其他的参数与抛物线函数作为形函数时得到的式（4.23）中的一致。

为了便于比较不同的形函数对剥离力的影响，将两种形函数的振幅-波长比$\frac{A}{\lambda}$保持一致，从而得到不同振幅-波长比和剥离角下正弦函数和抛物线函数对应的剥离力比较情况，如图 4.3 所示。从图 4.3（a）中可以看出，与正弦函数相比，抛物线函数在$\frac{A}{\lambda}$=0.1、θ_F=60°时对应的最大剥离力更大，最小剥离力更小。由于许用剥离强度是由最小剥离力来定义的，许用剥离强度越大，电池就越稳定。所以在波纹状界面的某些位置，当界面形函数为正弦函数时，其许用剥离强度更高，电池更不容易发生脱层和开裂。

当剥离角由 θ_F=60°变为 θ_F=90°，或振幅-波长比由$\frac{A}{\lambda}$=0.1 增大到$\frac{A}{\lambda}$=0.3 时，剥离力的整体趋势保持不变，但两种形函数对应的剥离力的最大值和最小值之间的差发生了变化，如图 4.3（b）和（c）所示。当$\frac{A}{\lambda}$=0.3 且 θ_F=60°时，两种形函数对应的剥离力最小值几乎一样，最大值也相差无几。而当$\frac{A}{\lambda}$=0.1 且 θ_F=90°时，两种

形函数对应的最大剥离力之差和最小剥离力之差近乎相等。而当$\frac{A}{\lambda}$=0.3、θ_F=90°时，剥离力的分布与其他情况完全相反，即抛物线函数对应的剥离力的最大值和最小值的绝对值，都要比正弦函数的大，这是其他三种情况所没有出现过的，如图4.3（d）所示。因此，可以初步得出结论：从极限剥离强度和许用剥离强度的角度来讲，抛物线函数和正弦函数都没有一直占优势，而仅仅是在特定的剥离角和振幅-波长比的情况下，各自更有利于电池的稳定性。

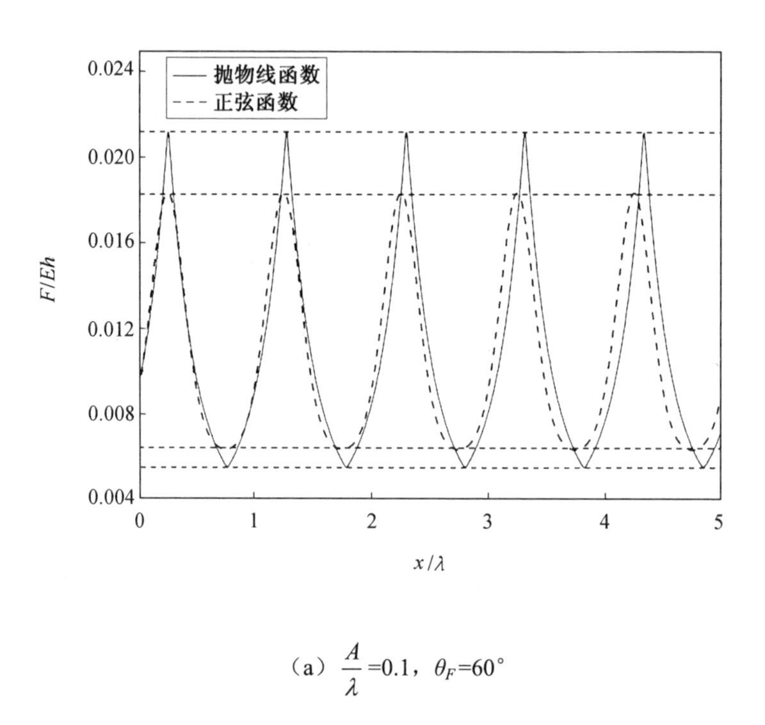

（a）$\frac{A}{\lambda}$=0.1，θ_F=60°

图4.3　不同振幅-波长比和剥离角下正弦函数和抛物线函数对应的剥离力比较

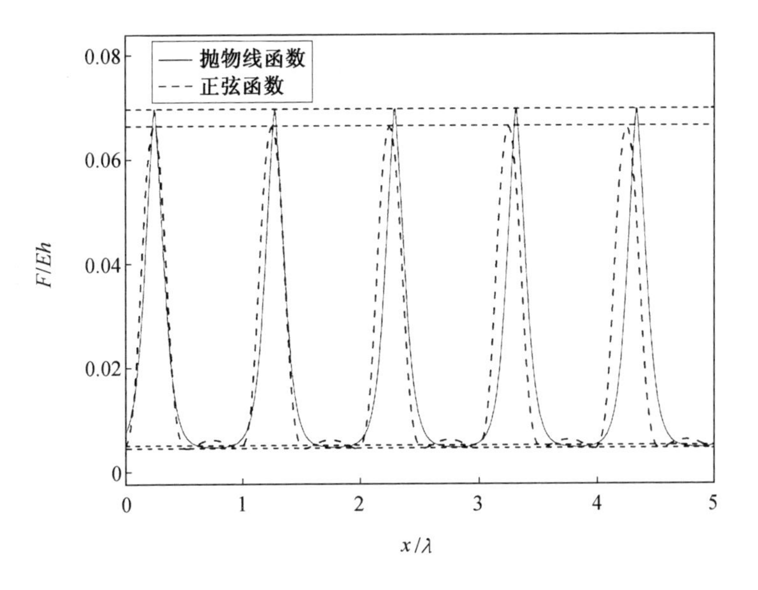

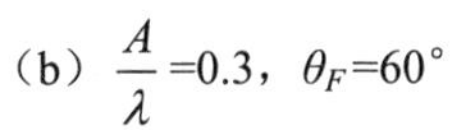
（b）$\frac{A}{\lambda}$=0.3，θ_F=60°

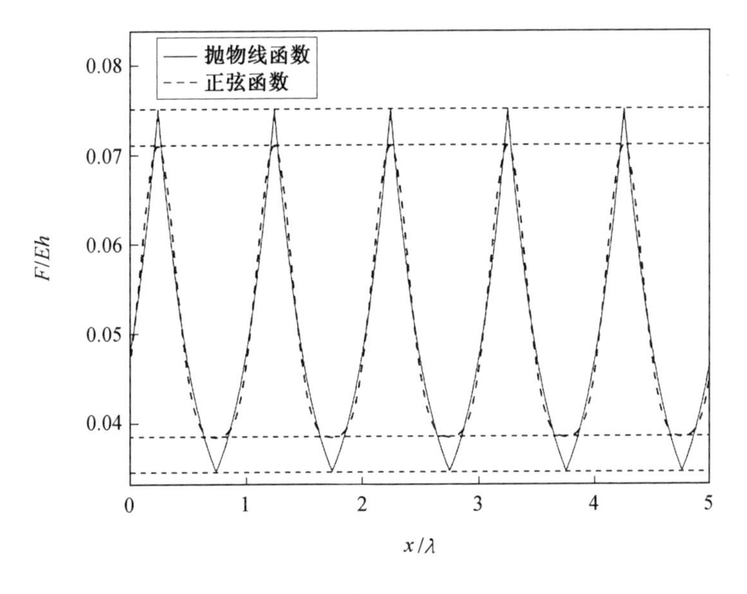

（c）$\frac{A}{\lambda}$=0.1，θ_F=90°

续图 4.3

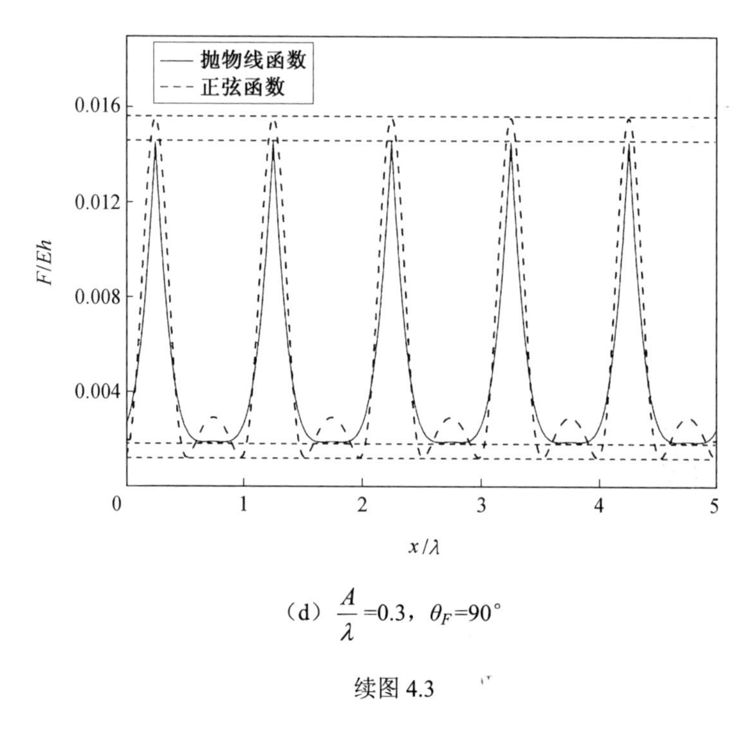

（d）$\frac{A}{\lambda}$=0.3，θ_F=90°

续图 4.3

4.3.3 不同界面形函数对剥离力极值的影响

图 4.4 比较了在不同剥离角 θ_F 下，两种界面形函数对应的剥离力极值随振幅-波长比的变化情况。如图 4.4（a）所示，两种形函数对应的正则化剥离力的最大值都随着振幅-波长比 $\frac{A}{\lambda}$ 的增加而增大，而随着剥离角 θ_F 的增加而减小。当剥离角 θ_F=90° 时，抛物线函数对应的最大剥离力在 $0\leqslant\frac{A}{\lambda}\leqslant0.24$ 范围内略高于正弦函数；当 $\frac{A}{\lambda}\geqslant0.24$ 时，二者的差距随着振幅-波长比的增加而增大。当剥离角 θ_F=60° 时，抛物线函数对应的最大剥离力在 $0\leqslant\frac{A}{\lambda}\leqslant0.32$ 范围内大于正弦函数对应的最大剥离力；而在 $\frac{A}{\lambda}\geqslant0.32$ 的范围内，二者的情况发生了反转，即正弦函数对应的最大剥离力更大，也就是说此时由正弦函数描述的界面形态的极限剥离强度更大，电池的稳定性更高。当剥离角 θ_F=45° 时，在 $0\leqslant\frac{A}{\lambda}\leqslant0.32$ 范围内抛物线函数对应的最大剥离

力更大；而在$\frac{A}{\lambda}\geqslant 0.32$范围内，两种函数对应的最大剥离力相同，其原因如下所示。

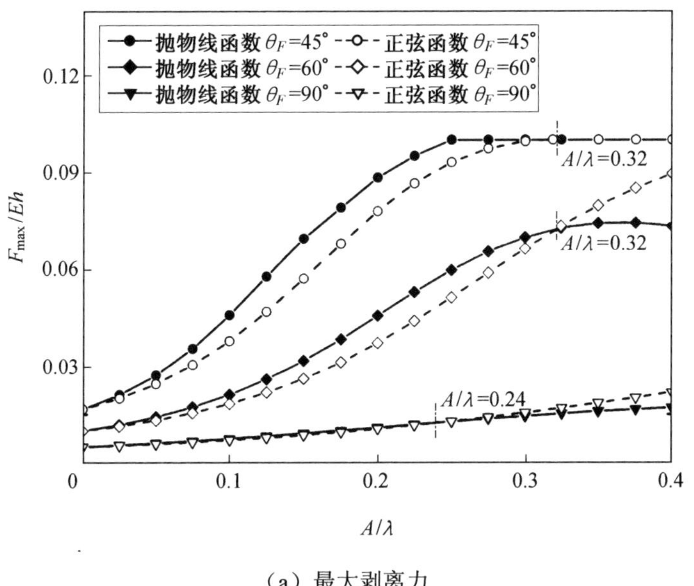

（a）最大剥离力

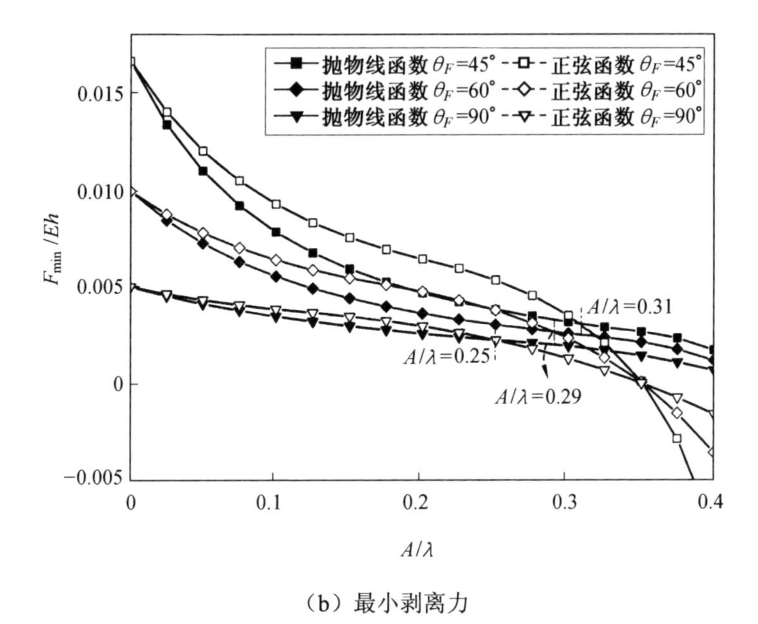

（b）最小剥离力

图 4.4　不同剥离角下，两种界面形函数对应的剥离力极值随振幅-波长比的变化情况

剥离角 θ_F=45° 相对于 θ_F=60° 和 θ_F=90° 而言较小，所以就有可能出现剥离角小于薄膜倾角的情况，即 $\theta_F \leqslant \theta$。基于式（4.28），正则化的最大剥离力 $\boldsymbol{F}_{\max}$ 是在 $\theta_F-\varphi$ 的值最小的时候得到的，所以 $\theta_F-\varphi$的值对 $\boldsymbol{F}_{\max}$ 是很大的影响。如果不考虑电解质薄膜和阳极基底之间的切向摩擦，那么当 $\theta_F \leqslant \theta$ 时将薄膜从波纹状基底上剥离的过程，即类似于以剥离角为 θ_F=0° 的外力将薄膜从平板状基底上剥离。因此，由式（4.29）可以推导出 $\theta_F \leqslant \theta$ 时半电池系统的最大剥离力，即

$$\boldsymbol{F}_{\max}=\sqrt{2\Delta\gamma} \tag{4.32}$$

对于式（4.32），可以应用于以抛物线函数或正弦函数描述的界面形态对应的半电池系统，但是两种形函数对应的剥离角 θ_F 范围是不一样的。

为了确定当 $\theta_F \leqslant \theta$ 时，不同形函数对应的剥离角 θ_F 的范围，就需要首先确定形函数表征的波纹状界面的最大倾角 $\theta_{\max}$。根据式（4.4），当 i 为奇数且 $x_i=(2i-1)a$ 时，可以得到界面的最大倾角 $\theta_{\max}$，即

$$\theta_{\max}=\arctan 2a^2 \tag{4.33}$$

由于在本节的分析中，将振幅-波长比的范围限定在 $0 \leqslant \dfrac{A}{\lambda} \leqslant 0.4$，结合振幅和波长的表达式，可以得出结果，即 $a_{\max}=\sqrt{0.8}$，$\theta_{\max}$=58°。也就是说，对于抛物线函数，当剥离角 $\theta_F \leqslant$58° 时，可能出现剥离角小于界面倾角的情况，即 $\theta_F \leqslant \theta$。要进一步确定是否有 $\theta_F \leqslant \theta$，还要明确振幅-波长比 $\dfrac{A}{\lambda}$ 的取值范围。当剥离角 $\theta_F \leqslant$58° 时，基于式（4.33），θ_F 的范围为

$$\theta_F \leqslant \theta_{\max}=\arctan 2a^2 \tag{4.34}$$

$$a^2 \geqslant \frac{1}{2}\tan\theta_F \tag{4.35}$$

将 $A=2a^3$ 和 $\lambda=4a$ 代入式（4.35）中可以得到

$$\frac{A}{\lambda} \geqslant \frac{1}{4}\tan\theta_F \tag{4.36}$$

因此，当波纹状的界面形态由抛物线函数来表征时，若 $\theta_F \leqslant 58°$ 且 $\frac{A}{\lambda} \geqslant \frac{\tan\theta_F}{4}$，那么正则化的最大剥离力 $\boldsymbol{F}_{\max}$ 可以由式（4.32）得到，即 $\boldsymbol{F}_{\max} = \sqrt{2\Delta\gamma}$ 。

类似地，当波纹状的界面形态由正弦函数来表征时，出现 $\theta_F \leqslant \theta$ 情况时的临界剥离角和临界振幅-波长比的计算方法与上述计算方法相同。所以，经过计算可以得到，当 $\theta_F \leqslant 51.5°$ 且 $\frac{A}{\lambda} \geqslant \frac{\tan\theta_F}{\pi}$ 时，以正弦函数表征的波纹状界面出现 $\theta_F \leqslant \theta$ 的情况，此时对应的半电池系统的最大剥离力为 $\boldsymbol{F}_{\max} = \sqrt{2\Delta\gamma}$ 。当 θ_F=45° 时，抛物线函数和正弦函数对应的最大剥离力随振幅-波长比的变化情况如图 4.4（a）所示。此时，两种形函数对应的极限剥离角都大于 45° 。所以，当抛物线函数对应的振幅-波长比为 $\frac{A}{\lambda} \geqslant 0.25$，或者正弦函数对应的振幅-波长比为 $\frac{A}{\lambda} \geqslant 0.32$ 时，二者相应的正则化最大剥离力可表示为 $\boldsymbol{F}_{\max} = \sqrt{2\Delta\gamma} = 0.1$ 。

两种形函数对应的正则化最小剥离力 $\boldsymbol{F}_{\min}$ 随振幅-波长比 $\frac{A}{\lambda}$ 的变化情况如图 4.4（b）所示。从图中可以看出，$\boldsymbol{F}_{\min}$ 随 $\frac{A}{\lambda}$ 的增大而减小。当 $\frac{A}{\lambda}$ 较小时，抛物线函数对应的最小剥离力比正弦函数的小；而从某一个特定点开始，情况发生反转。不同剥离角下最小剥离力的转折点在图 4.4（b）中标出。另外，当 $\frac{A}{\lambda} \geqslant 0.35$ 时，正弦函数对应的最小剥离力的值小于零，而抛物线函数对应的最小剥离力的值大于零。从这个角度来看，当 $\frac{A}{\lambda} \geqslant 0.35$ 时，用抛物线函数表征波纹状界面的形貌更有利于电池的稳定性。

4.4 本章小结

本章采用了一种新型的波纹型 SOFC 半电池的理论模型，通过作用在电解质薄膜上的剥离力来表征界面强度，分析了半电池系统中电解质薄膜与阳极基底之间的波纹状界面的界面强度问题。基于半电池系统的势能原理和第一变分原理，分析得到了由抛物线函数表征的界面形态的剥离力解析式。通过比较发现，波纹状界面对应的最大剥离力大于平板状界面对应的最大剥离力，所以在半电池中引入波纹状界面能够提高电池的界面强度。不同剥离角下剥离力的理论结果与前人的分析结果相同，这就印证了本章理论模型的正确性。本章比较了在不同的剥离角下，抛物线函数和正弦函数对应的剥离力极值，并进一步确定了极限剥离强度和许用剥离强度基于振幅-波长比的转折点。当振幅-波长比小于转折点时，抛物线函数对应的极限剥离强度更高，正弦函数对应的许用剥离强度更高；当振幅-波长比大于转折点时，正弦函数对应的极限剥离强度更高，抛物线函数对应的许用剥离强度更高。另外，本章还确定了当剥离角小于界面倾角时，两种形函数对应的剥离角和振幅-波长比的范围。

第5章　平板型和波纹型电池的界面裂纹扩展分析

5.1　概述

固体氧化物电池的稳定性和耐久性是衡量电池力学性能的重要指标，而维持电池结构的稳定性和耐久性的前提就是保证其机械完整性。由于 SOFC 的制备温度和工作温度都很高，在其冷却、启停等热循环过程中，电池内部产生的残余应力以及外部的热应力、机械应力等，都会促使电池界面裂纹萌生进而扩展，最终会导致界面脱层现象的发生。

许多研究人员都致力于研究平板型 SOFC 的裂纹萌生、扩展和界面脱层问题。Bouhala 等采用无网格法研究了界面位置对平板型 SOFC 的裂纹萌生和扩展路径的影响，结果表明，电池的初始裂纹在阳极产生，并逐渐扩展到阳极与电解质的界面。Shao 等建立了预测 SOFC 能量转换、裂纹萌生和裂纹扩展的动力性理论模型，结果表明，裂纹扩展路径取决于预裂纹的位置和方向。基于由脉冲红外热成像法得到的 SOFC 温度分布的定量分析，Asseya 等得到了裂纹萌生信息，并模拟了裂纹在电解质支撑和阳极支撑的平板型 SOFC 中的裂纹扩展过程。Pitakthapanaphong 等研究了在电池冷却过程中由热残余应力引起的界面裂纹的断裂行为，并确定了界面裂纹的能量释放率（Energy Release Rate，ERR）。此外，他们还发现，对于所有类型的裂纹而言，在 LSCoO（Lanthanum Strontium Cobaltite Oxide）层和基底之间引入 LSM 层可以降低界面裂纹的能量释放率。进一步地，Kim 等分析了平板型 SOFC 在高温下的裂纹产生机理，并对阳极-电解质界面的裂纹产生进行了研究。

目前，SOFC 的裂纹分析主要针对平板型 SOFC，而针对波纹型 SOFC 的裂纹分析很少。但是，研究人员对于含有波纹状界面的热障涂层（Thermal Barrier Coating，TBC）进行了比较系统的裂纹分析，而热障涂层的结构与 SOFC 的结构非常相似，都是由层状结构组成的。因此，我们可以将具有波纹状界面热障涂层的裂纹分析方法作为参考，来研究波纹型 SOFC 的裂纹产生和扩展。

此外，在为数不多的关于波纹型 SOFC 的研究中，大部分也是关于电池的电化学性能的分析，而关于其力学性能分析的研究更为少见。基于此，在本章中我们对平板型和波纹型 SOFC 在冷却过程中的应力分布进行模拟，并进一步分析两种类型电池的界面裂纹扩展情况。首先，以界面正应力和界面切应力作为裂纹产生和裂纹扩展的驱动力，来确定电池内部可能产生裂纹的位置。之后，将边缘裂纹和中间裂纹作为预裂纹引入两种类型的电池阳极-电解质界面，来分析、比较平板型和波纹型 SOFC 的裂纹扩展情况。另外，本章还从界面能量释放率的角度进一步研究两种电池裂纹扩展情况不同的原因。

5.2 平板型和波纹型电池的分析模型

5.2.1 两种电池的结构模型

典型的阳极支撑的 SOFC 由阳极、电解质和阴极三部分组成，电解质夹在阴极和阳极中间。阳极支撑的平板型 SOFC 和波纹型 SOFC 的基本结构是一样的，不同之处在于对平板型 SOFC 而言，电极和电解质之间的界面是平的；而对于波纹型 SOFC 而言，电极和电解质之间的界面是波纹状的。图 5.1 所示为平板型 SOFC 和波纹型 SOFC 电池的结构示意图。在平板型 SOFC 中，电极和电解质的厚度沿 x 轴方向是固定的，且所有的界面都是平的，其中阴极层、电解质层和阳极层的厚度分别表示为 h_c、h_e 和 h_a。在波纹型 SOFC 中，电解质的厚度 h_e 是固定的，而电极和电解质之间的界面形态在本章的分析中设定为正弦函数，所以阳极层和阴极层的厚度也沿 x 轴呈正弦函数变化，以此来保证波纹型 SOFC 的整体厚度与平板型 SOFC 的一致。波纹型 SOFC 在 x 方向上包含三个周期，其阳极的厚度为 $h_a=\frac{h_{a1}+h_{a2}}{2}$，其中 h_{a1} 和 h_{a2} 分别为阳极波峰和波谷处的厚度；同样，阴极的厚度为 $h_c=\frac{h_{c1}+h_{c2}}{2}$，其中 h_{c1} 和 h_{c2} 分别为阴极波峰和波谷处的厚度。两种类型电池的长度均为 L。

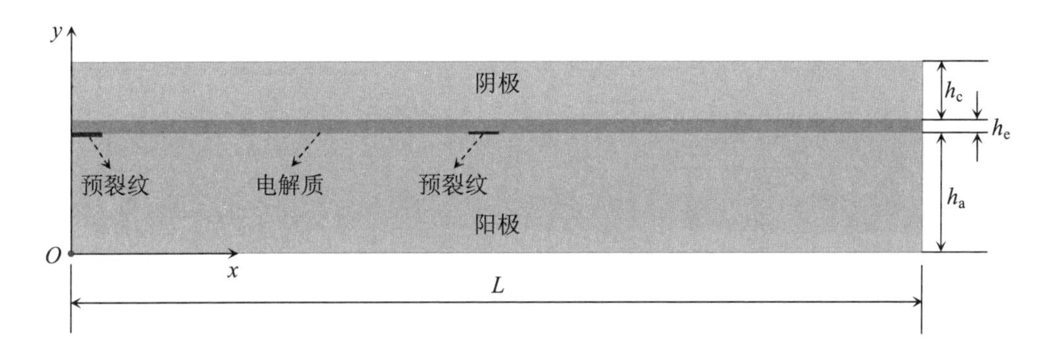

（a）平板型 SOFC

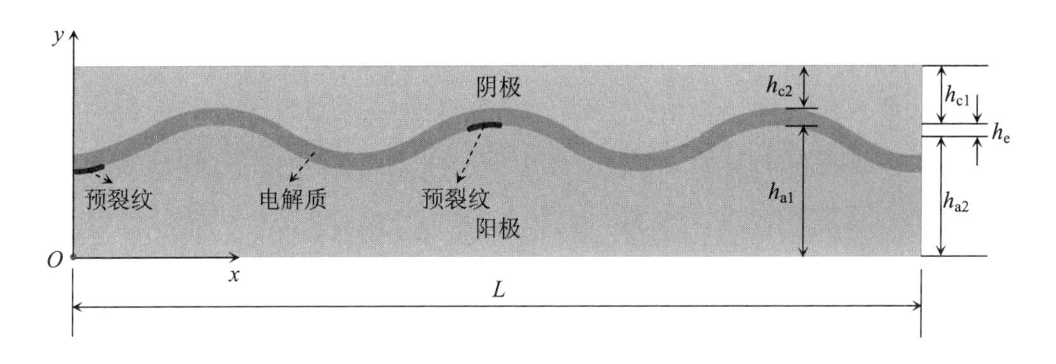

（b）波纹型 SOFC

图 5.1　两种类型电池的结构示意图

在本章的分析中，电解质采用的材料为 YSZ，其具有很高的氧离子传输能力、可忽略的电子导电性和良好的致密性。阳极和阴极采用的材料分别为 Ni-YSZ 和 LSM。所有的材料均采用线弹性、各向同性、均匀模型，电池材料的弹性模量、泊松比和热膨胀系数分别用 E、μ 和 α 表示，并随温度变化，具体数值见表 5.1。由于我们仅对电池的稳态进行了分析，所以没有考虑材料的导热系数。

表 5.1　两种类型 SOFC 中的电极和电解质的材料属性

参数		Ni-YSZ	YSZ	LSM
弹性模量 E/GPa	20 ℃	72.5	196.3	41.3
	800 ℃	58.1	148.6	48.3
泊松比 μ	20 ℃	0.36	0.30	0.33
	800 ℃	0.36	0.31	0.33
热膨胀系数 $\alpha/\times10^{-6}$	20 ℃	12.4	7.6	9.8
	800 ℃	12.6	10.0	11.8
	1 400 ℃	12.6	10.5	11.8

由于电池的电极与电解质的材料的热膨胀系数相差很大，所以在 SOFC 的冷却过程中，即电池由制备温度冷却到室温时，其内部会产生很大的热应力。这有可能会导致微裂纹的产生以及裂纹扩展的发生，甚至最终会导致电极脱层，从而使得整个电池失效。为了分析这种情况，我们将两种预裂纹，即边缘裂纹和中间裂纹引入平板型和波纹型 SOFC，以比较两种电池的裂纹扩展情况。两种预裂纹的位置如图 5.1 所示。

5.2.2　电池裂纹扩展的有限元模型

基于电池裂纹扩展分析，平板型 SOFC 和波纹型 SOFC 的有限元模型及局部网络放大示意图如图 5.2 所示。由于电池的结构和载荷都关于 y 轴对称，所以为了减小计算量，我们取二分之一模型进行分析。模型的边界条件为对称边界条件，即 $x=L$ 处的横向位移被限制（$u_x=0$），同时约束 $x=L$、$y=0$ 点处的 y 方向的位移（$u_y=0$）。电池在冷却过程中，温度由制备温度 1 400 ℃降到室温 20 ℃，我们将相应的温度载荷加载到电池的有限元模型上。

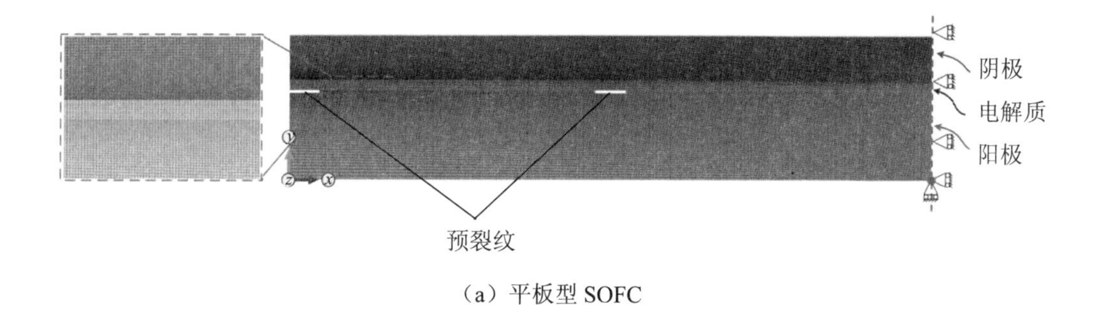

（a）平板型 SOFC

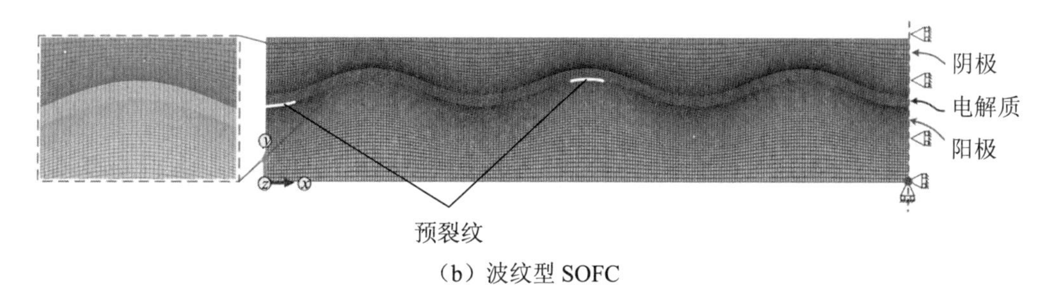

（b）波纹型 SOFC

图 5.2　裂纹扩展分析的有限元模型及局部网格放大示意图

对于有限元模型的网格划分，实验中采用四节点的四边形缩减积分单元（CPS4R）来计算电池在冷却过程中的应力分布，采用四节点的四边形非兼容单元（CPE4I）来分析电池的裂纹扩展过程。此外，为了提高数值模拟的精确性，利用网格偏移的方法，对电极和电解质界面上沿厚度方向的单元进行细化。有限元模型在计算时，采用静态过程来分析电池的应力分布情况；采用虚拟裂纹闭合技术（Virtual Crack Closure Technology，VCCT）来分析电极与电解质界面上的裂纹扩展行为。虚拟裂纹闭合技术最早由 Rybicki 等于 1977 年提出，用来分析二维有限元模型的线性裂纹问题。与其他裂纹分析方法相比，虚拟裂纹闭合技术仅利用节点力和节点位移就能计算能量释放率，且计算过程仅需要一步数值分析，最大程度地简化了问题。另外，虚拟裂纹闭合技术对有限元分析网格的精度要求不高，在粗糙的网格下也能得到较为准确的分析结果。所以，通过虚拟裂纹闭合技术能够简单、精确地分析界面裂纹扩展问题。

对于控制裂纹扩展的理论模型，本书采用了能量释放率准则，即裂纹沿着产生最大能量释放率的方向扩展，且裂纹的扩展是由于最大能量释放率达到了临界值而产生的。裂纹扩展的能量释放率指的是裂纹扩展单位面积弹性系统释放的能量，通常用 G 表示。对于任意一个裂纹面积为 Ω 的裂纹体，当其裂纹扩展了 $\mathrm{d}\Omega$ 时，外载荷所做的功为 $\mathrm{d}W$。根据能量守恒和转换定律，整个裂纹体的内能增量等于外力做的功，即

$$\mathrm{d}W = \mathrm{d}U + \mathrm{d}\Lambda + \mathrm{d}T \tag{5.1}$$

其中，$\mathrm{d}U$ 为整个裂纹体的弹性应变能；$\mathrm{d}\Lambda$为塑性功；$\mathrm{d}T$ 为裂纹表面能。

裂纹的扩展需要系统提供能量，将裂纹扩展 $\mathrm{d}\Omega$ 时系统释放的能量表示为

$$-\mathrm{d}\Pi = \mathrm{d}W - \mathrm{d}U \tag{5.2}$$

将式（5.1）和式（5.2）联合起来可以得出

$$-\mathrm{d}\Pi = \mathrm{d}W - \mathrm{d}U = \mathrm{d}\Lambda + \mathrm{d}T \tag{5.3}$$

由此可以得出，能量释放率 G 的表达式为

$$G = -\frac{\partial \Pi}{\partial \Omega} = \frac{\partial W}{\partial \Omega} - \frac{\partial U}{\partial \Omega} \tag{5.4}$$

另外，将裂纹扩展单位面积所需要消耗的能量定义为裂纹扩展阻力率，其反映了材料抵抗断裂破坏的能力，又可以称之为材料的断裂韧性，通常用 G_{c} 表示，即

$$G_{\mathrm{c}} = \frac{\partial \Lambda}{\partial \Omega} + \frac{\partial T}{\partial \Omega} \tag{5.5}$$

当裂纹扩展的能量释放率 G 达到材料的断裂韧性 G_{c} 时，裂纹开始失去平衡并失稳扩展。所以，能量释放率的裂纹扩展准则可以表示为

$$G = G_{\mathrm{c}} \tag{5.6}$$

5.3　结果与讨论

5.3.1　平板型和波纹型电池的热应力比较

SOFC 在冷却过程中，由于电极和电解质之间热膨胀系数的不匹配，会在电池内部产生热应力。由于热失配应力可能会导致裂纹的萌生和扩展，所以在进行裂纹分析之前，首先应该对电池的热应力分布进行研究。一般来说，裂纹萌生和裂纹扩展的驱动力是以界面切应力σ_{12}和界面正应力σ_{22}来表征的，所以首先对平板型和波纹型 SOFC 中电极与电解质界面的切应力和正应力的分布进行研究。图 5.3（a）和（b）给出了两种电池的阴极切应力云图。从图中可以看出，阴极-电解质界面的切应力值在电池自由端附近，即 x=0 处是正值，随后沿 x 轴正方向迅速下降并变为负值且绝对值很小。整体来看，阴极-电解质界面的切应力仅在电池自由端处为正值，在其他大部分区域为负值。阴极-电解质界面上的最大切应力出现在电池自由端附近，对于平板型电池而言其值为 56.03 MPa，对于波纹型电池而言其值为 47.52 MPa。与阴极-电解质界面相比，阳极-电解质界面的切应力分布与其正好相反，如图 5.3（c）和（d）所示。对于阳极-电解质界面而言，切应力在电池自由端附近为负值，最大切应力值为-93.83 MPa（平板型 SOFC）和-78.44 MPa（波纹型 SOFC）。切应力的值在阳极-电解质界面上沿 x 轴正方向逐渐减小且由负值变为正值。值得注意的是，在远离自由端的区域内，对于平板型 SOFC 而言，切应力基本不变；而对于波纹型 SOFC 而言，切应力的值波动变化。由此可以得出结论，界面切应力的分布与界面形态有很大的关系。由于在本章中波纹状界面的界面形态是按正弦函数变化的，所以波纹型 SOFC 的阳极-电解质界面的切应力也是周期变化的。也就是说，切应力在界面倾角大于零时为正值，而在界面倾角小于零时为负值，如图 5.3（d）所示。类似的情况也出现在波纹型 SOFC 的阴极-电解质界面上，只是切应力值周期变化的程度不如阳极-电解质界面明显。综上所述，裂纹容易在电池界面的自由端处萌生，且与阴极-电解质界面相比，阳极-电解质界面由于应力水平较高，更容易萌生裂纹。另外，与平板型 SOFC 相比，波纹型 SOFC 的切应力水平较低，更不容易萌生裂纹。

（a）平板型 SOFC 的阴极

（b）波纹型 SOFC 的阴极

图 5.3　两种类型电池的切应力云图

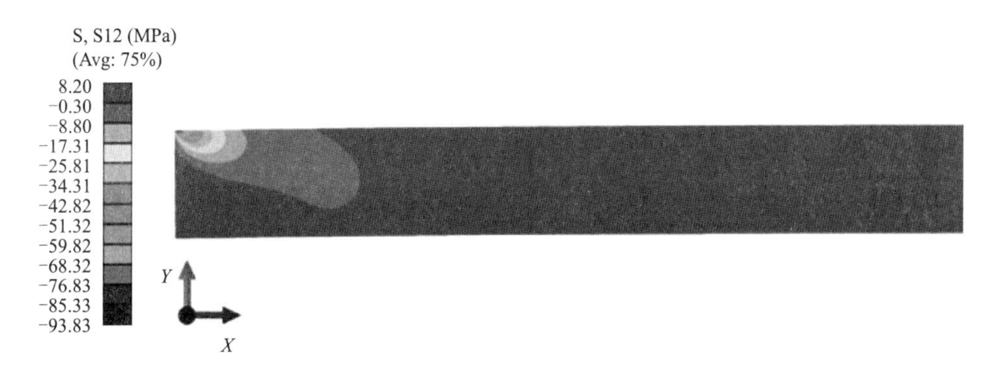

（c）平板型 SOFC 的阳极

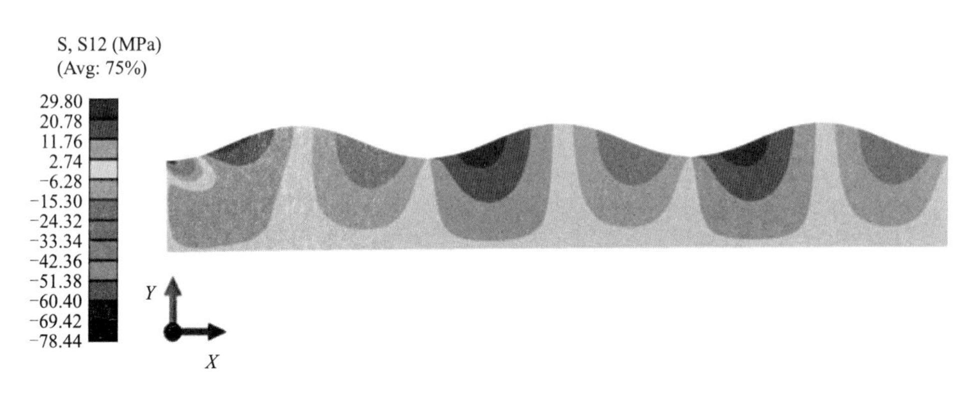

（d）波纹型 SOFC 的阳极

续图 5.3

平板型和波纹型 SOFC 的阴极和阳极的正应力云图如图 5.4 所示。从图中可以看出，电极正应力 σ_{22} 的分布与切应力 σ_{12} 类似。对于阴极-电解质界面而言，两种电池的界面正应力 σ_{22} 仅在电池的自由端附近是正值，且最大正应力为 148.39 MPa（平板型 SOFC）和 115.70 MPa（波纹型 SOFC）。在界面上的其他区域，正应力为负值且数值很小。对于阳极-电解质界面而言，在平板型电池中，界面上的正应力沿 x 轴正方向逐渐减小，并在 x=0 处取得正应力的最大值 115.31 MPa，在波纹型电池中，界面正应力的值与界面形态密切相关。从图 5.4（d）中可以看出，在阳极的波峰区域，界面正应力为正值即拉应力，且最大拉应力值为 42.10 MPa；在阳极的波谷区域，界面正应力为负值即压应力，且最大压应力出现在电池自由端处，其值为-56.95 MPa。由此可以分析得出，由于平板型 SOFC 的正应力水平较高，其相对于波纹型 SOFC 更容易产生裂纹。另外，由于阳极-电解质界面的正应力值比阴极-电解质界面更大，所以阳极-电解质界面更容易产生裂纹。

（a）平板型 SOFC 的阴极

（b）波纹型 SOFC 的阴极

图 5.4　两种类型电池的正应力云图

（c）平板型 SOFC 的阳极

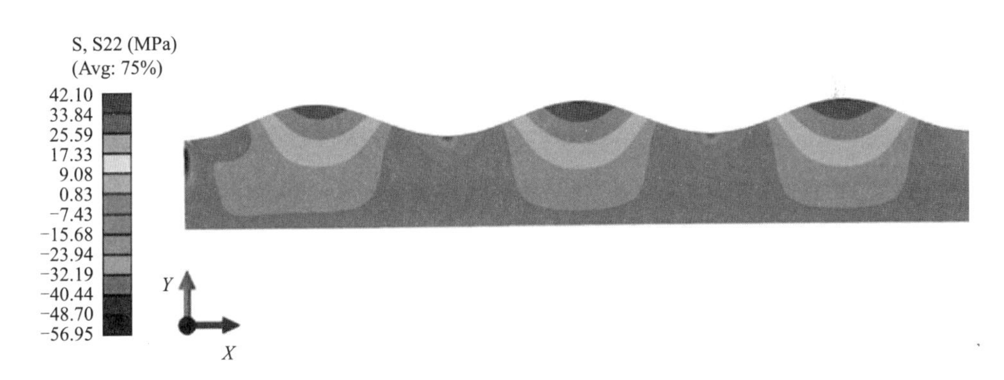

（d）波纹型 SOFC 的阳极

续图 5.4

5.3.2 平板型和波纹型电池的裂纹扩展情况比较

为了研究燃料电池在冷却过程中的裂纹扩展情况，基于 5.3.1 节的分析，实验中在电池的阳极-电解质界面上设置了预裂纹。为了简化分析，假设阴极与电解质在冷却过程中一直保持良好的粘接性能，且阴极-电解质界面上没有裂纹产生。在 5.3.1 节的分析中我们了解到，在电池自由端的阳极-电解质界面上应力水平更高，更容易产生裂纹；所以首先在平板型和波纹型 SOFC 中的阳极-电解质界面引入边缘裂纹，其长度为 2 mm，边缘裂纹扩散过程如图 5.1 所示。边缘裂纹在两种类型的电池中扩展后，电池界面粘接情况的最初状态和最终状态如图 5.5 所示。当界面粘接状态的值为 1 时，表示界面完全粘接在一起；而当界面粘接状态的值为零时，表示界面完全脱离，即发生了脱层。从图中可以看出，当边缘裂纹长度和热载荷都相同时，平板型电池中的边缘裂纹扩展了大约半个电池的长度，而波纹型电池中的边缘裂纹仅扩展了电池长度的三分之一。两种电池裂纹扩展程度存在差异的原因是，在波纹型电池中，界面波谷处的压应力较大、切应力较小，这便阻止了裂纹扩展，而在平板型电池中，界面上的压应力和切应力基本保持不变。因此，从以上的分析可以看出，波纹型 SOFC 能够在一定程度上抑制电池在冷却过程中边缘裂纹的扩展。

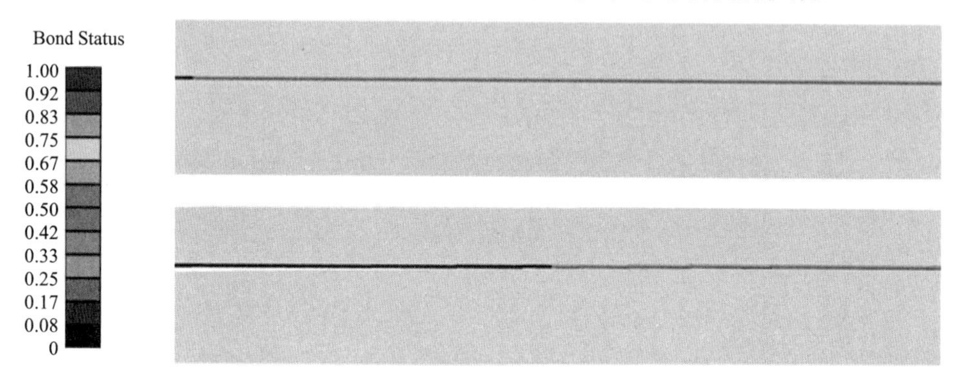

（a）平板型 SOFC

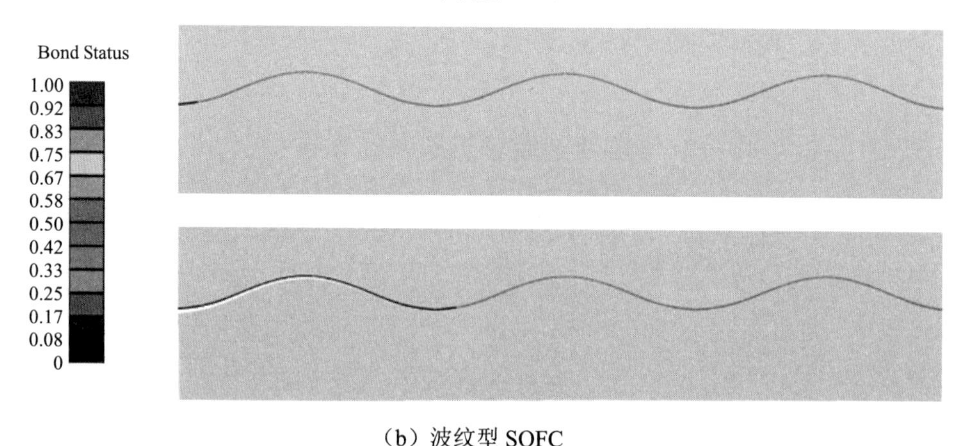

（b）波纹型 SOFC

图 5.5　阳极-电解质界面的边缘裂纹扩展过程

此外，为了更全面地分析界面脱层的情况，还在电池阳极与电解质界面的中间区域设置了长为 2 mm 的中间裂纹，将其与边缘裂纹一起用于分析裂纹扩展的情况。中间裂纹位于电池的中部，且对于波纹型电池而言其位于波纹状界面的波峰附近。两种类型电池界面的边缘裂纹和中间裂纹的扩展过程如图 5.6 所示。对于平板型 SOFC 而言，在电池冷却过程中，阳极-电解质界面的边缘裂纹首先扩展，之后边缘裂纹在阶段（iii）与中间裂纹合并，直到整个阳极-电解质界面发生脱层为止。对于波纹型 SOFC 而言，边缘裂纹首先扩展，随后在阶段（iii）时中间裂纹也朝两侧扩展。但两个裂纹最终并没有合并，而是都大约扩展了一个波长的长度，并在第一个波谷处接近。也就是说，波纹型电池的阳极-电解质界面最终没有发生全部脱层，仅是在两个波长范围内发生了局部脱层。因此，从以上分析可以看出，波纹型 SOFC 能在冷却过程中有效地抑制多裂纹扩展导致的界面脱层。

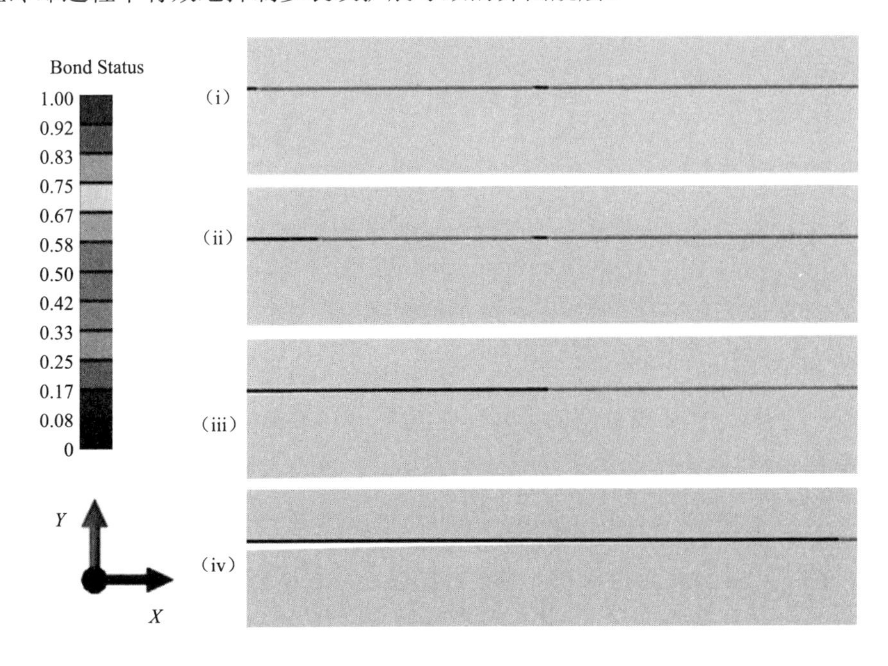

（a）平板型 SOFC

图 5.6　阳极-电解质界面的边缘裂纹和中间裂纹的扩展过程

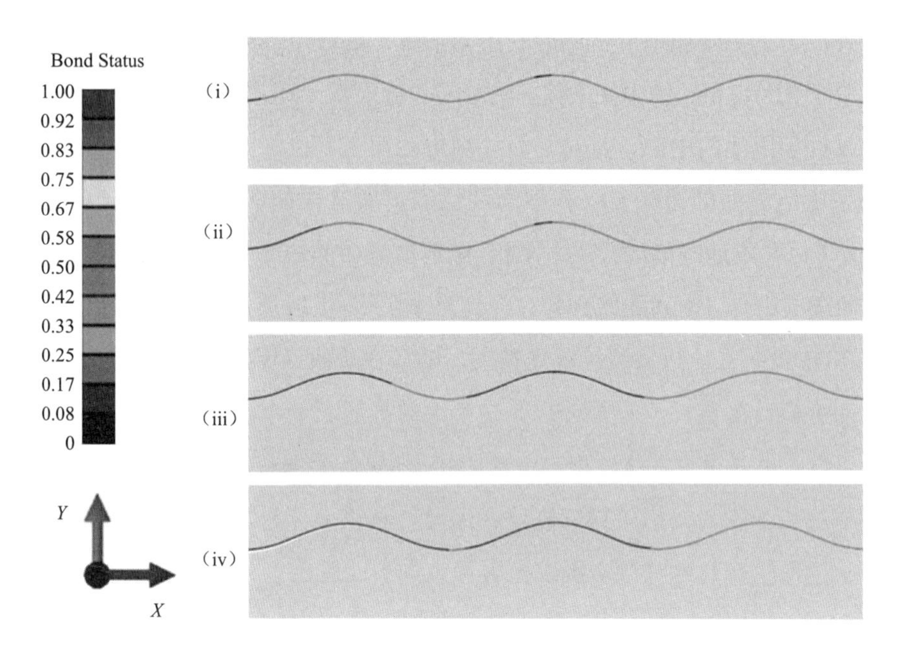

(b) 波纹型 SOFC

续图 5.6

5.3.3 平板型和波纹型电池的界面能量释放率比较

在考虑界面断裂能的情况下，可以用能量释放率来假定裂纹扩展准则，也就是说，当界面裂纹尖端的能量释放率超过材料的断裂韧性时，裂纹即开始扩展。基于前人的研究，阳极-电解质界面的界面韧性值约为 10 J/m^2。界面裂纹扩展过程中，界面的能量释放率随时间变化。裂纹扩展结束时，两种类型电池的界面能量释放率云图及能量释放率沿 x 轴的变化情况如图 5.7 所示。裂纹处和界面未开裂处的能量释放率均为零。由于平板型 SOFC 的界面脱层主要是由 I 型裂纹引起的，所以仅对两种电池界面的 I 型界面能量释放率进行了比较。

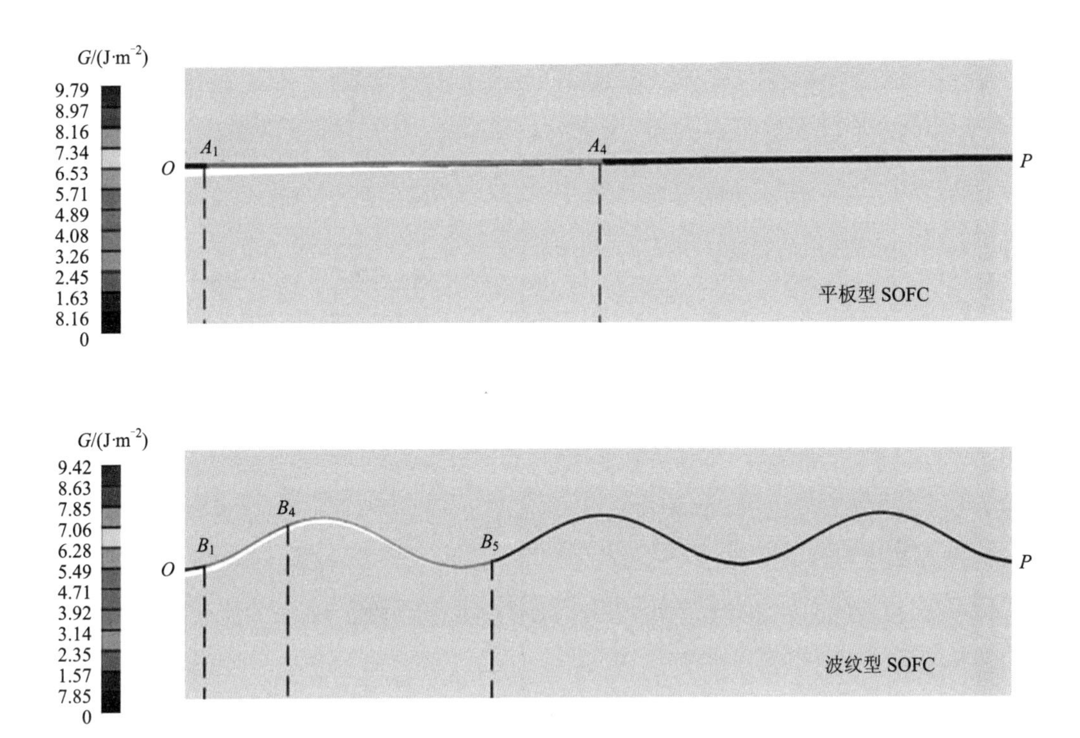

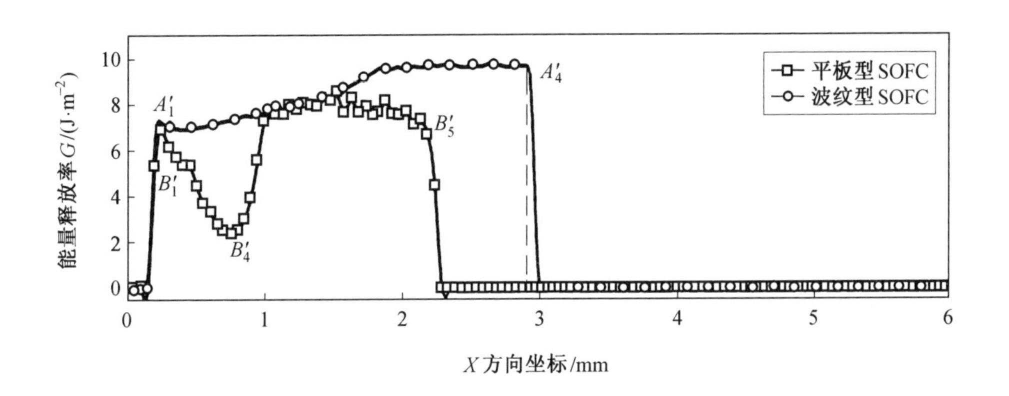

（a）仅边缘裂纹存在时

图 5.7　两种类型电池的界面能量释放率云图及能量释放率沿 x 轴的变化情况

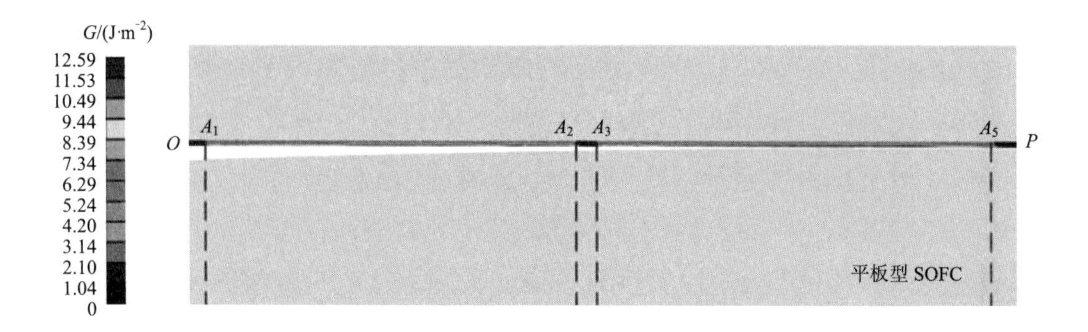

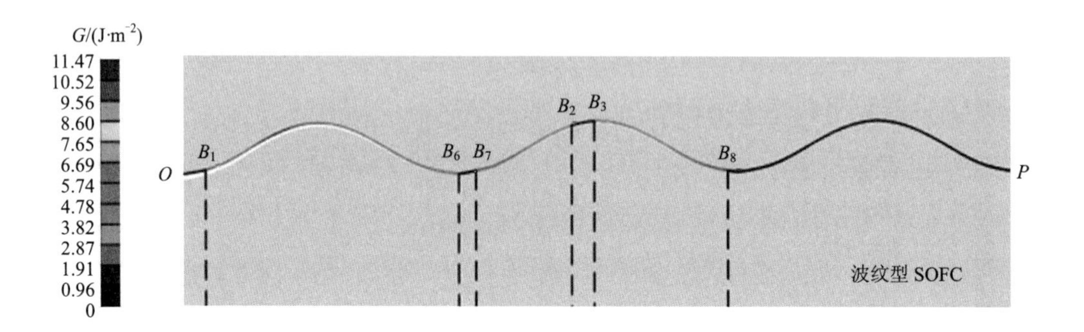

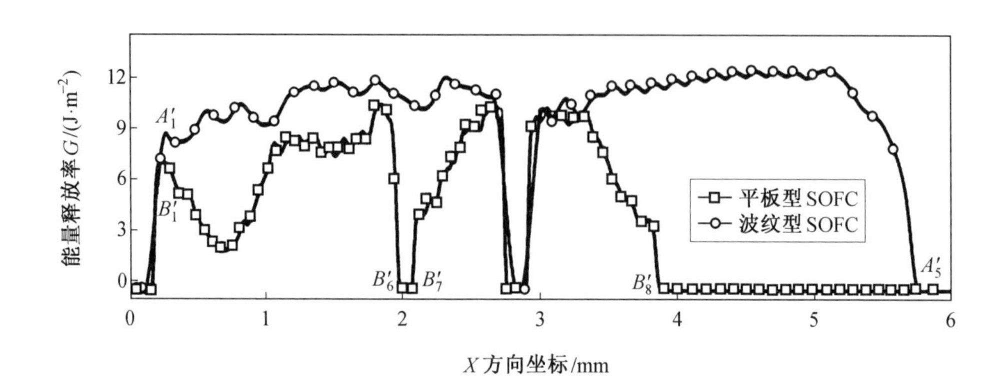

（b）边缘裂纹和中间裂纹都存在时

续图 5.7

如图 5.7 所示，平板型和波纹型电池的阳极-电解质界面边缘裂纹分别由 OA_1 和 OB_1 表示，中间裂纹分别由 A_2A_3 和 B_2B_3 表示。从图中可以看出，平板型电池的界面能量释放率一直比波纹型电池的高，这就使得裂纹在平板型电池中扩展得更快也更容易。当只有边缘裂纹存在时，如图 5.7（a）所示，平板型电池的能量释放率在 $A_1'A_4'$ 范围内的值一直较高，然后在边缘裂纹停止扩展处，即 A_4 点迅速下降为零。而对于波纹型电池而言，界面能量释放率在 B_4' 点处显著下降，这是由于边缘裂纹存在于界面形态的波谷处，且裂纹扩展路径的斜率大于零，这在一定程度上抑制了裂纹的扩展。当边缘裂纹在 B_5 点处停止扩展时，界面能量释放率也随之下降为零。当边缘裂纹和中间裂纹同时存在时，如图 5.7（b）所示，平板型电池的界面能量释放率分布趋势与之前相似，除了中间裂纹 A_2A_3 处的能量释放率为零。而对于波纹型电池而言，界面边缘裂纹 OB_1 扩展至 B_6 点处，界面能量释放率也在 B_6' 点处迅速下降。界面中间裂纹 B_2B_3 向两侧扩展，界面能量释放率也随之沿裂纹扩展路径降低并在 B_7' 点和 B_8' 点处降为零。从以上分析可以得出结论，界面裂纹在波纹型 SOFC 中更不容易扩展，这与 5.3.2 节得出的结论是一致的。

5.4　本章小结

本章通过有限元模拟的方法比较了平板型SOFC和波纹型SOFC在冷却过程中的应力分布情况以及界面裂纹扩展情况。由于电极与电解质界面的切应力和正应力可以被认为是界面裂纹扩展的驱动力，因此对两种类型电池的阳极-电解质界面和阴极-电解质界面上的正应力和切应力分别做了分析和比较。结果表明，由于电池自由端处界面的应力水平更高，裂纹更容易在此处萌生，且阳极-电解质界面的应力水平要高于阴极-电解质界面，也就更容易萌生裂纹。而在远离电池自由端的电极-电解质界面上，平板型电池的应力分布较为均匀，而波纹型电池的应力随界面形态的变化而波动。基于电池应力分析的结果，实验中将界面边缘裂纹和中间裂纹引入电池的阳极-电解质界面，以分析和比较两种类型电池的裂纹扩展情况。裂纹扩展的结果和界面能量释放率的分析情况都表明，与平板型 SOFC 相比，波纹型 SOFC 能够抑制界面裂纹的扩展，减小界面脱层发生的可能性。

第 6 章　总结与展望

6.1　总结

固体氧化物燃料电池作为新型的清洁能源，对优化能源结构、提高能源效率、平衡经济和环境之间的关系具有重要意义。但目前固体氧化物燃料电池在其稳定性和耐久性方面仍存在许多力学问题，如热应力过大导致电池开裂、脱层等，这些问题直接影响电池的商业化进程。为此，本书通过理论推导和数值模拟等方法，从结构优化的角度研究了固体氧化物燃料电池在热循环过程中的稳定性问题，从阳极功能层、界面层及波纹型电池等方面提出了减小电池内部热应力、降低电池界面脱层概率以及抑制界面裂纹扩展的方案，为优化电池结构类型、提高电池稳定性和耐久性提供了参考。本书的主要研究成果总结如下。

（1）针对阳极支撑的平板型 SOFC 在热载荷作用下热应力过大的情况，建立了 SOFC 阳极功能层的材料非线性和几何非线性的层化模型，确定了优化阳极功能层的非线性参数。通过控制阳极功能层的子层总数、组分梯度指数和厚度梯度指数，研究了不同结构参数下电池的热应力分布，从而得到使电池热应力最小化的阳极功能层的优化方案。通过对含有阳极功能层的 SOFC 进行有限元模拟可以发现，引入阳极功能层能够降低电池的热应力，包括阳极最大轴向应力、电解质最大压应力和电池界面应力，其中阳极最大轴向应力下降了 26.7%～43.9%，电解质最大压应力下降了 6.9%～24.4%。通过对阳极功能层的各项结构参数，包括子层总数、厚度梯度指数和组分梯度指数进行优化可以进一步得出，SOFC 的热应力随着阳极功能层子层总数的增加而减小；当阳极功能层的组分梯度指数不变时，随着厚度梯度指数的增加，阳极最大轴向应力减小，电解质最大压应力增加，界面应力保持不变；当阳极功能层的厚度梯度指数不变时，随着组分梯度指数的增加，阳极最大轴向应力增加，电解质最大压应力减小，界面应力减小。此外，综合考虑阳极功能层的结构参数对阳极和电解质的影响，得到了使电池的力学性能和可靠性达到最优的阳极功能层的优化方案。最后，随着温度的升高，电池工作温度和制备温度之间的温度差逐渐减小，使得阳极最大轴向应力随之减小，且其变化幅度逐渐减小。由于较大的热应力可能导致 SOFC 出现裂纹，通过对电池的阳极功能层进行优化，选择合适的阳极功能层子层总数、组分梯度指数和厚度梯度指数等参数，可以使电池具有更好的性能和更高的可靠性。

（2）针对目前 SOFC 的电极材料界面层对电池热应力的影响还不明确的现状，通过建立阳极支撑的平板型 SOFC 的基本理论模型和有限元模型，对热载荷作用下电极与电解质界面的热应力，包括界面切应力和界面剥离应力进行了计算。根据材料扩散机理和组分线性分布规律，确定了界面层的材料属性。采用 Timoshenko 梁理论，对 SOFC 半电池系统进行热应力分析，得到了物理意义完整的界面热应力分布。此外，建立了二维有限元模型，对界面热应力进行了数值模拟，并与理论计算结果进行了比较，从而验证了理论模型的正确性。为了分析 SOFC 自由端附近界面热应力的模拟结果与理论结果的差异，给出了数值模拟结果中界面热应力的修正表达式，进一步完善了界面热应力的理论模型。将阳极-电解质界面和阴极-电解质界面的热应力进行了比较，结果表明，阳极-电解质界面的热应力水平更高，从而更有可能发生失效和局部分层。将单层阳极功能层引入 SOFC 中，分析了功能层组分梯度指数对阳极-电解质界面热应力的影响，发现其随着组分梯度指数的增大而增大。将界面层厚度对界面热应力的影响进行研究，发现随着界面层厚度的增加，界面切应力和剥离应力减小，因此 1.0 μm 厚的界面层更适合界面热应力的优化。

（3）将新型的波纹型 SOFC 半电池作为研究对象，基于半电池系统的势能原理和第一变分原理，优化了电极材料界面形态和电池性能之间的关系，提出了抛物线状的界面形态形函数，得到了半电池系统剥离力的解析表达式。通过作用在电解质薄膜上的剥离力的大小来表征电解质薄膜与阳极基底之间的界面强度，并确定了界面强度最大时，剥离角和形函数的振幅-波长比的取值范围。通过比较发现，波纹状界面对应的最大剥离力大于平板状界面对应的最大剥离力，所以在半电池中引入波纹状界面能够提高电池的界面强度。不同剥离角下剥离力的理论结果与前人的分析结果相同，这就印证了该理论模型的正确性。将不同剥离角下抛物线函数和正弦函数对应的剥离力的极值进行比较，并进一步确定了极限剥离强度和许用剥离强度基于振幅-波长比的转折点。当振幅-波长比小于转折点时，抛物线函数对应的极限剥离强度更高，正弦函数对应的许用剥离强度更高；当振幅-波长比大于转折点时，正弦函数对应的极限剥离强度更高，抛物线函数对应的许用剥离强度更高。此外，当剥离角小于界面倾角时，两种形函数对应的剥离角和振幅-波长比的范围也得到了确定。

（4）通过有限元模拟方法比较了平板型 SOFC 和波纹型 SOFC 在冷却过程中的应力分布情况以及界面裂纹扩展情况。由于电极与电解质界面的切应力和正应力可以被认为是界面裂纹扩展的驱动力，对两种类型电池的阳极-电解质界面和阴极-电解质界面上的正应力和切应力分别进行了分析和比较。结果表明，由于电池自由端处界面的应力水平更高，裂纹更容易在此处萌生；且阳极-电解质的应力水平要高于阴极-电解质界面，也就更容易萌生裂纹。而在远离电池自由端处的电极-电解质界面上，平板型电池的应力分布较为均匀，而波纹型电池的应力随界面形态的变化而波动。基于电池应力分析的结果，将界面边缘裂纹和中间裂纹引入电池的阳极-电解质界面，以分析和比较两种类型电池的裂纹扩展情况。裂纹扩展的结果和界面能量释放率的分析情况都表明，与平板型 SOFC 相比，波纹型 SOFC 能够抑制界面裂纹的扩展，减小界面脱层发生的可能性。

6.2　展望

全书从力学角度出发，从结构优化的角度对固体氧化物燃料电池在热循环过程中的热应力问题、界面强度问题及裂纹扩展问题等进行了分析和研究，为保证固体氧化物燃料电池的力学稳定性提供了参考。但是很多方面还未能够进一步开展研究，具体体现在以下几个方面。

（1）燃料电池的力学性能是与电化学性能密切相关的，从力学角度对电池的结构优化必然会引起电池电化学性能的改变。因此，需要研究阳极功能层、界面层以及不同界面形态的波纹状界面对 SOFC 力学性能和电化学性能耦合的影响，尽可能使电池在保证力学稳定性的前提下，提高其电化学性能，即提出同时考虑 SOFC 力学性能和电化学性能的优化方案。

（2）对于波纹型 SOFC 阳极-电解质界面裂纹扩展的分析是基于阴极与电解质始终保持良好结合的前提下而开展的研究。但事实上，电池在工作过程中，阳极-电解质界面、阴极-电解质界面以及电极内部都有可能出现裂纹，且电极内部的裂纹会朝界面方向扩展。所以应当进一步综合考虑阴极-电解质界面和阳极-电解质界面的裂纹同时存在时，其对电池力学稳定性的影响。此外，因电极内部裂纹的萌生和扩展而对电池的电化学性能造成的影响也值得进一步研究。

（3）基于实验条件和实验工艺的影响，本书没有利用实验手段对书中研究的问题进行论证并与理论和有限元模拟结果进行对比。在下一步的研究工作中，对于含有阳极功能层的 SOFC，可以根据书中模拟得到的阳极功能层的优化方案来制备相应的电池试样，测量其在热循环过程中的热应力和电化学性能，并将实验结果与未优化的 SOFC 进行对比，以保证优化方案的可靠性和正确性。对于 SOFC 界面应力的分析，可以通过云纹干涉法、拉曼光谱法、X 射线衍射法等实验手段来进行测定，观察并测量电池中的界面层厚度，比较不同界面层厚度电池的界面应力并与本书中的模拟和理论结果进行对比论证。此外，对于波纹型 SOFC，可以通过实验制备波纹型 SOFC 并测试其界面强度和裂纹扩展情况，并与模拟和理论结果进行对比和论证。

参 考 文 献

[1] BP 集团. BP 集团发布 2018《BP 世界能源统计年鉴》[J]. 流程工业, 2018(16): 000.

[2] XIE J M, WEI X Y, BO X Q. State of charge estimation of lithium-ion battery based on extended Kalman filter algorithm[J]. Frontiers in Energy Research, 2023, 11: 1180881.

[3] HAO W Q, XIE J M, WANG F H. The indentation analysis triggering internal short circuit of lithium-ion pouch battery based on shape function theory[J]. International Journal of Energy Research, 2018, 42(5): 1-11.

[4] HAO W Q, XIE J M, BO X Q, et al.Resistance exterior force property of lithium-ion pouch batteries with different positive materials[J]. International Journal of Energy Research, 2019, 43(9): 4976-4986.

[5] HAO W Q, KONG D C, XIE J M, et al.Self-polymerized dopamine nanoparticles modified separators for improving electrochemical performance and enhancing mechanical strength of lithium-ion batteries[J]. Polymers, 2020, 12(3), 648.

[6] HAO W Q, XIE J M. Reducing diffusion-induced stress of bilayer electrode system by introducing pre-strain in lithium-ion battery[J]. Journal of Electrochemical Energy Conversion and Storage, 2021, 18(2): 20909.

[7] HAO W Q, BO X Q, XIE J M, et al. Mechanical properties of macromolecular separators for lithium-ion batteries based on nanoindentation experiment[J]. Polymers, 2022; 14(17): 3664.

[8] HAO W Q, ZHANG P, XIE J M, et al. Investigation of impact performance of perforated plates and effects of the perforation arrangement and shape on failure

mode[J]. Engineering Failure Analysis, 2022, 140: 106638.

[9] 刘洁, 王菊香, 邢志娜, 等. 燃料电池研究进展及发展探析[J]. 节能技术, 2010, 28(4): 364-368.

[10] 章俊良, 蒋峰景. 燃料电池——原理、关键材料和技术[M]. 上海：上海交通大学出版社, 2014.

[11] 金红光, 郑丹星, 徐建中. 分布式冷热电联产系统装置及应用[M]. 北京：中国电力出版社, 2008.

[12] SUBHASH C S, KEVIN K. High temperature solid oxide fuel cells: fundamentals, design and applications[M]. New York: Elsevier Inc, 2003.

[13] GE X M, FU C J, CHAN S H.Three phase boundaries and electrochemically active zones of lanthanum strontium vanadate-yttria-stabilized zirconia anodes in solid oxide fuel cells[J]. Electrochimica Acta, 2011, 56(17): 5947-5953.

[14] SCHNEIDER L C R, MARTIN C L, BULTEL Y, et al.Percolation effects in functionally graded SOFC electrodes[J]. Electrochimica Acta, 2007, 52: 3190-3198.

[15] DOKIYA M, YAMAMOTO O, TAGAWA H, et al. Solid oxide fuel cells (SOFC-IV) [M]. Pennington: the Electrochemical Society, 1993.

[16] XIE J M, HAO W Q, WANG F H. Interface strength analysis of the corrugated anode-electrolyte interface in solid oxide fuel cell characterized by peel force[J]. Journal of Power Sources, 2018, 396: 141-147.

[17] KONNO A, IWAI H, SAITO M, et al. A corrugated mesoscale structure on electrode-electrolyte interface for enhancing cell performance in anode-supported SOFC[J]. Journal of Power Sources, 2011, 196(18): 7442-7449.

[18] PAL U B, Singhal SC. Electrochemical vapor deposition of yttria-stabilized zirconia films[J]. Journal of the Electrochemical Society, 1990, 137(9): 2937-2941.

[19] YOKOKAWA H, SINGHAL S C.Solid oxide fuel cells (SOFC-VII) [M]. Pennington: the Electrochemical Society, 2001.

[20] SINGHAL S C, DOKIYA M. Solid oxide fuel cells (SOFC-VI) [M]. Pennington: the Electrochemical Society, 1999.

[21] SPACIL H S. Electrical device including nickel-containing stabilized Zirconia electrode: US3503809 A [P]. 1970-03-31.

[22] 刘斌, 张云, 涂宝峰, 等. 中温固体氧化物燃料电池 NiO/YSZ 阳极的还原过程[J]. 催化学报, 2008, 29(10): 979-986.

[23] SIMWONIS D, NAOUMIDIS A, DIAS F J, et al. Material characterization in support of the development of an anode substrate for solid oxide fuel cells[J]. Journal of Materials Research, 1997, 12(6): 1508-1518.

[24] FUKUI T, OHARA S, NAITO M, et al. Performance and stability of SOFC anode fabricated from NiO/YSZ composite particles[J]. Journal of the European Ceramic Society, 2003, 23(15): 2963-2967.

[25] RADOVIC M, LARA-CURZIO E. Mechanical properties of tape cast nickel-based anode materials for solid oxide fuel cells before and after reduction in hydrogen[J]. Acta Materialia, 2004, 52(20): 5747-5756.

[26] HAANAPPEL V A C, MERTENS J, RUTENBECK D, et al. Optimisation of processing and microstructural parameters of LSM cathodes to improve the electrochemical performance of anode-supported SOFCs[J]. Journal of Power Sources, 2005, 141(2): 216-226.

[27] JIANG W C, LUO Y, ZHANG W Y, et al. Effect of temperature fluctuation on creep and failure probability for planar solid oxide fuel cell[J]. Journal of Fuel Cell Science and Technology-Transactions of the ASME, 2015, 12(5): 051004.

[28] KOIZUMI M. FGMs activities in Japan [J]. Composites Part B: Engineering, 1997, 28(1-2): 1-4.

[29] 余茂黎, 魏明坤. 梯度功能材料的研究动态[J]. 功能材料, 1992, 23(3): 184-191.

[30] WANG Y S, GROSS D. Analysis of a crack in a functionally gradient interface layer

under static and dynamic loading[J]. Key Engineering Materials, 2000, 183-187: 331-336.

[31] WANG Y S, HUANG G Y, GROSS D. On the mechanical modeling of functionally graded interracial zone with a griffith crack: anti-plane deformation[J]. Journal of Applied Mechanics, 2003, 70(5): 676-680.

[32] HUANG G Y, WANG Y S, YU S W. A new multi-layered model for in-plane fracture analysis of functionally graded materials (FGMS) [J]. Chinese Journal of Theoretical and Applied Mechanics, 2005, 37(1): 1-8.

[33] CHEN K, CHEN X, LU Z, et al. Performance of an anode-supported SOFC with anode functional layers [J]. Electrochimica Acta, 2008, 53(27): 7825-7830.

[34] WANG Z, ZHANG N, QIAO J, et al.Improved SOFC performance with continuously graded anode functional layer[J]. Electrochemistry Communications, 2009, 11(6): 1120-1123.

[35] GROSS M D, VOHS J M, GORTE R J. A strategy for achieving high performance with SOFC ceramic anodes fuel cells and energy conversion[J]. Electrochem and Solid State Letters, 2007, 10(4): B65-B69.

[36] KONG J R, SUN K N, ZHOU D, et al. Ni-YSZ gradient anodes for anode-supported SOFCs[J]. Journal of Power Sources, 2007, 166(2): 337-342.

[37] TOSHIAKI Y, HIROFUMI S, KOICHI H, et al. Effect of nanostructured anode functional layer thickness on the solid-oxide fuel cell performancein the intermediate temperature[J]. International Journal of Hydrogen Energy, 2014, 30: 19731-19736.

[38] ERDOGAN F, WU B H. Crack Problems in FGM layers under thermal stresses[J]. Journal of Thermal Stresses, 1996, 19(3): 237-265.

[39] LEE Y D, ERDOGAN F. Residual/thermal stresses in FGM and laminated thermal barrier coatings[J]. International Journal of Fracture, 1995, 69(2): 145-165.

[40] ZHA S W, ZHANG Y L, LIU M L. Functionally graded cathodes fabricated by sol-gel/slurry coating for honeycomb SOFCs[J]. Solid State Ionics, 2005, 176(1-2): 25-31.

[41] TOSHIO S, SHINICHI S, TOSHIAKI Y,et al. Effect of anode functional layer on energy efficiency of solid oxide fuel cells[J]. Electrochemistry Communications, 2011, 13(9): 959-962.

[42] CHEN K F, CHEN X J, LV Z, et al. Performance of an anode-supported SOFC with anode functional layers[J]. Electrochimica Acta, 2008, 53(27): 7825-7830.

[43] JUN W K, KIHO B, HYUN J K, et al. Three-dimensional thermal stress analysis of the re-oxidized Ni-YSZ anode functional layer in solid oxide fuel cells[J]. Journal of Alloys and Compounds, 2018, 752: 148-154.

[44] ANANDAKUMAR G, LI N, VERMA A, et al. Thermal stress and probability of failure analyses of functionally graded solid oxide fuel cells[J]. Journal of Power Sources, 2010, 195(19): 6659-6670.

[45] KAWADA T, SAKAI N, YOKOKAWA H, et al.Reaction between solid oxide fuel cell materials[J].Solid State Ionics, 1992, 50(3-4): 189-196.

[46] TSOGA A, GUPTA A, NAOUMIDIS A, et al.Gadolinia-doped ceria and yttria stabilized zirconia interfaces: regarding their application for SOFC technology[J]. Acta Materialia, 2000, 48(18-19): 4709-4714.

[47] SAKAI N, KISHIMOTO H, YAMAJI K, et al.Interface stability of perovskite cathodes and rare-earth doped ceria interlayer in SOFCs[J].Journal of the Electrochemical Society, 2007, 154(12): B1331-B1337.

[48] OSTERGARD M J L, CLAUSEN C, BAGGER C,et al. Manganite-zirconia composite cathodes for SOFC: influence of structure and composition [J]. Electrochimica Acta, 1995, 40(12): 1971-1981.

[49] MITTERDORFER A, GAUCKLER L J. $La_2Zr_2O_7$ formation and oxygen reduction

kinetics of the $La_{0.85}Sr_{0.15}Mn_yO_3$, $O_2(g)|YSZ$ system[J]. Solid State Ionics, 1998, 111(3-4): 185-218.

[50] GROSJEAN A, SANSEAU O, RADMILOVIC V,et al. Reactivity and diffusion between $La_{0.8}Sr_{0.2}MnO_3$ and ZrO_2 at interfaces in SOFC cores by TEM analyses on FIB samples[J]. Solid State Ionics, 2006, 177(19-25): 1977-1980.

[51] PRIMDAHL S, MOGENSEN M. Mixed conductor anodes: Ni as electrocatalyst for hydrogen conversion[J]. Solid State Ionics, 2002, 152-153: 597-608.

[52] OU D R, MORI T, YE F, et al. Microstructural characteristics of SDC electrolyte film supported by Ni-SDC cermet anode[J]. Journal of the Electrochemical Society, 2009, 156(7): B825-B830.

[53] YE F, MORI T, OU D R, et al. Effect of nickel diffusion on the microstructure of Gd-doped ceria (GDC) electrolyte film supported by Ni-GDC cermet anode[J]. Solid State Ionics, 2010, 181(13-14): 646-652.

[54] LI Z P, MORI T, AUCHTERLONIE G J, et al. The diffusions and associated interfacial layer formation between thin film electrolyte and cermet anode in IT-SOFC[J]. Journal of the American Chemical Society, 2011, 509: 9679-9684.

[55] ZHANG Y W, ZENG K Y, THAMPURUN R. Interface delamination generated by indentation in thin film systems: a computational mechanics study[J]. Materials Science and Engineering A-Structural Materials Properties Microstructures and Processing, 2001, 319: 893-897.

[56] VOLINSKY A A, MOODY N R, GERBERJCH W W. Interfacial toughness measurements for thin films on substrates[J]. Acta Materialia, 2002, 50(3): 441-466.

[57] XIE Y S, ZHANG X G, ROBERTSON M, et al. Measurement of the interface adhesion of solid oxide fuel cells by indentation[J]. Journal of Power Sources, 2006, 162(1): 436-443.

[58] 朱有利, 黄元林, 石宗利, 等. 摩擦力-划痕法评定 PVD 多层薄膜结合强度研究

[J]. 中国机械工程, 2002, 13(11): 984-987.

[59] XIE Y, HAWTHORNE H M. Effect of contact geometry on the failure modes of thin coatings in the scratch adhesion test[J]. Surface and Coatings Technology, 2002, 155(2-3): 121-129.

[60] KENDALL K. Thin-film peelingthe elastic term[J]. Journal of Physics D: Applied Physics, 1975, 8: 1449-1452.

[61] GENT A N, HAMED G R. Peel mechanics for an elastic-plasticadherend[J]. Journal of Applied Polymer Science, 1977, 21: 2817-2831.

[62] KIM J, KIM K S, KIM Y H. Mechanical effects in peel adhesion test[J]. Journal of Adhesion Science and Technology, 1989, 3(1): 175-187.

[63] WEI Y, HUTCHINSON J W. Interface strength, work of adhesion and plasticityin the peel test[J]. International Journal of Fracture, 1998, 93(1-4): 315-333.

[64] WEI Y G. Modeling nonlinear peeling of ductile thin films-critical assessment of analytical bending models using FE simulations[J]. International Journal of Solids and Structures, 2004, 41(18-19): 5087-5104.

[65] FULLER K N G, TABOR D. Effect of surface-roughness on adhesion of elastic solids[J]. Proceedings of the Royal Society of London Series A-Mathematical and Physical Sciences, 1975, 345: 327-342.

[66] JOHNSON K L, KENDALL K, ROBERTS A D, et al. Surface energy and contact of elasticsolids[J]. Proceedings of the Royal Society A-Mathematical Physical and Engineering Sciences, 1971, 324(1558): 301-313.

[67] PERSSON B N J. Adhesion between elastic bodies with randomly rough surfaces[J]. Physical Review Letters, 2002, 89(24): 245502.

[68] PERSSON B N J, GORB S. The effect of surface roughness on the adhesion of elastic plates with application to biological systems[J]. The Journal of Chemical Physics, 2003, 119(21): 11437-11444.

[69] PERSSON B N J, Tosatti E. The effect of surface roughness on the adhesion of elastic solids[J]. The Journal of Chemical Physics, 2001, 115(12): 5597-5610.

[70] PALASANTZAS G, DE HOSSON J T M. Influence of roughness on the detachment force of elastic films from self-affine rough surfaces[J]. Journal of Applied Physics, 2003, 94(5): 3041-3044.

[71] PALASANTZAS G, DE HOSSON J T M. Influence of surface roughness on the adhesion of elastic films[J]. Physical Review E, 2003, 67(2): 021604.

[72] LI K, LI X, LI J, XIE J M. Structural stability of Ni-Fe supported solid oxide fuel cells based on stress analysis[J]. Journal of Inorganic Materials, 2019, 34(6): 611-617.

[73] SELIMOVIC A, KEMM M, TORISSON T, et al. Steady state and transient thermal stress analysis in planar solid oxide fuel cells[J]. Journal of Power Sources, 2005, 145(2): 463-469.

[74] SARANTARIDIS D, RUDKIN R A, ATKINSON A. Oxidation failure modes of anode-supported solid oxide fuel cells[J]. Journal of Power Sources, 2008, 180(2): 704-710.

[75] WANG Z W, ZHANG Q, XIA L Z, et al. Stress analysis and parameter optimization of an FGM pressure vessel subjected to thermo-mechanical loadings[J]. Procedia Engineering, 2015, 130: 374-389.

[76] ERDOGAN F, WU B H. Crack problems in FGM layers under thermal stresses[J]. Journal of Thermal Stresses, 1996, 19(3): 237-265.

[77] LEE Y D, Erdogan F. Residual/thermal stresses in FGM and laminated thermal barrier coatings[J]. International Journal of Fracture, 1995, 69(2): 145-165.

[78] SURESH S, MORTENSEN A. Fundamentals of functionally graded materials[M]. London: IOM Communications Ltd., 1998.

[79] JIANG T Z, WANG Z H, REN B Y, et al. Compositionally continuously graded

cathode layers of $(Ba_{0.5}Sr_{0.5})(Fe_{0.91}Al_{0.09})O_{3-\delta}$-$Gd_{0.1}Ce_{0.9}O_2$ by wet powder spraying technique for solid oxide fuel cells[J]. Journal of Power Sources, 2014, 247: 858-864.

[80] MCCOPPIN J, BARNEY I, MUKHOPADHYAY S, et al. Compositional control of continuously graded anode functional layer[J]. Journal of Power Sources, 2012, 215: 160-163.

[81] WANG Z H, ZHANG N Q, QIAO J S, et al. Improved SOFC performance with continuously graded anode functional layer[J]. Electrochemistry Communications, 2009, 11(6): 1120-1123.

[82] WANG Y S, GROSS D. Analysis of a crack in a functionally gradient interface layer under static and dynamic loading[J]. Key Engineering Materials, 2000, 183-187: 331-336.

[83] WANG Y S, HUANG G Y, GROSS D. On the mechanical modeling of functionally graded interracial zone with a griffith crack: anti-plane deformation[J]. Journal of Applied Mechanics-Transactions of the ASME, 2003, 70(5): 676-680.

[84] HUANG G Y, WANG Y S, YU S W. A new multi-layered model for in-plane fracture analysis of functionally graded materials (FGMS)[J]. Chinese Journal of Theoretical and Applied Mechanics, 2005, 37(1): 1-8.

[85] MÜLLER A C, HERBSTRITT D, TIFFÉE E I. Development of a multilayer anode for solid oxide fuel cells[J]. Solid State Ionics, 2002, 152-153: 537-542.

[86] KONG J R, SUN K N, ZHOU D R, et al. Ni-YSZ gradient anodes for anode-supported SOFCs[J]. Journal of Power Sources. 2007, 166(2): 337-342.

[87] ANANDAKUMAR G, LI N, VERMA A, et al. Thermal stress and probability of failure analyses of functionally graded solid oxide fuel cells[J]. Journal of Power Sources. 2010, 195(19): 6659-6670.

[88] YAKABE H, BABA Y, SAKURAI T, et al. Evaluation of the residual stress for

anode-supported SOFCs[J]. Journal of Power Sources, 2004, 135(1-2): 9-16.

[89] FAN P F, LI G J, ZENG Y K, et al. Numerical study on thermal stresses of a planar solid oxide fuel cell[J]. International Journal of Thermal Sciences, 2014, 77: 1-10.

[90] NAKAJO A, WUILLEMIN Z, HERLE J V, et al. Simulation of thermal stresses in anode-supported solid oxide fuel cell stacks. Part I: Probability of failure of the cells[J]. Journal of Power Sources, 2009, 193(1): 203-215.

[91] CLAGUE R, MARQUIS A J, BRANDON N P. Finite element and analytical stress analysis of a solid oxide fuel cell[J]. Journal of Power Sources, 2012, 210(15): 224-232.

[92] SIMULIA D C S. Abaqus 6.13 help documentation: Abaqus analysis user's manual [M]. USA: Dassault Systems Simulia Corp, 2013.

[93] KIM J H, PAULINO G H. Isoparametric graded finite elements for nonhomogeneous isotropic and orthotropic materials[J]. Journal of Applied Mechanics-Transactions of the ASME, 2002, 69(4): 502-514.

[94] HIRANO T, WAKASHIMA K. Mathematical modeling and design[J]. MRS Bulletin, 1995, 20(1): 40-42.

[95] GIANNAKOPOULOS A E, SURESH S, FINOT M, et al. Elastoplastic analysis of thermal cycling: layered materials with compositional gradients[J]. Acta Metallurgica ET Materialia, 1995, 43(4): 1335-1354.

[96] WILLIAMSON R L, RABIN B H, DRAKE J T. Finite element analysis of thermal residual stresses at graded ceramic-metal interfaces. Part I. Model description and geometrical effects[J]. Journal of Applied Physics, 1993, 74(2): 1310-1320.

[97] AMADA S. Hierarchical functionally gradient structures of bamboo, barley, and corn[J]. MRS Bulletin, 1995, 20(1): 35-36.

[98] TEIXEIRA V. Numerical analysis of the influence of coating porosity and substrate elastic properties on the residual stresses in high temperature graded coatings[J].

Surface and Coatings Technology, 2001, 146-147(2): 79-84.

[99] HSIEH C L, TUAN W H. Elastic and thermal expansion behavior of two-phase composites[J]. Materials Science and Engineering A-Structural Materials Properties Microstructures and Processing, 2006, 425(1-2): 349-360.

[100] FISCHER W, MALZBENDER J, BLASS G, et al. Residual stresses in planar solid oxide fuel cells[J]. Journal of Power Sources, 2005, 150: 73-77.

[101] BAMBA N, CHOA Y H, NIIHARA K. Fabrication and mechanical properties of nanosized SiC particulate reinforced yttria stabilized zirconia composites[J]. Nanostructured Materials, 1997, 9(1-8): 497-500.

[102] ATKINSON A, SELCUK A. Mechanical behaviour of ceramic oxygen ion-conducting membranes[J]. Solid State Ionics, 2000, 134(1-2): 59-66.

[103] CHO J R, HA D Y. Volume fraction optimization for minimizing thermal stress in Ni-Al_2O_3 functionally graded materials[J]. Materials Science and Engineering A-Structural Materials Properties Microstructures and Processing, 2002, 334(1-2): 147-155.

[104] LEE M, JASIUK I. Asymptotic Expansions for the thermal stresses in bonded semi-infinite bimaterial strips[J]. Journal of Electronic Packaging-Transactions of the ASME, 1991, 113: 173-177.

[105] SUHIR E. Approximate evaluation of the elastic thermal stresses in a thin film fabricated on a very thick circular substrate[J]. Journal of Electronic Packaging-Transactions of the ASME, 1994, 116: 171-176.

[106] PAO Y H, EISELE E. Interfacial shear and peel stresses in multilayered thin stacks subjected to uniform thermal loading[J]. Journal of Electronic Packaging-Transactions of the ASME, 1991, 113: 164-172.

[107] WANG K P, HUANG Y Y, CHANDRA A, et al. Interfacial shear stress, peeling stress, and die cracking stress in trilayer electronic assemblies[J]. IEEE

Transactions on Components Packaging and Manufacturing Technology, 2000, 23: 309-316.

[108] ZHANG X, OHARA S, MARIC R, et al. Ni-SDC cermet anode for medium-temperature solid oxide fuel cell with lanthanum gallate electrolyte[J]. Journal of Power Sources, 1999, 83(1-2): 170-177.

[109] MAFFEI N, SILVEIRA G D. Interfacial layers in tape cast anode-supported doped lanthanum gallate SOFC elements[J]. Solid State Ionics, 2003, 159(3-4): 209-216.

[110] LIU L, KIM G Y, CHANDRA A. Modeling of thermal stresses and lifetime prediction of planar solid oxide fuel cell under thermal cycling conditions[J]. Journal of Power Sources, 2010, 195(8): 2310-2318.

[111] ZHANG X, OHARA S, MARIC R, et al. Interface reactions in the NiO-SDC-LSGM system[J]. Solid State Ionics, 2000, 133(3-4): 153-160.

[112] LIU Y L, JIAO C G. Microstructure degradation of an anode/electrolyte interface in SOFC studied by transmission electron microscopy[J]. Solid State Ionics, 2005, 176(5-6): 435-442.

[113] XIE J M, WANG F H. Thermal stress analysis of solid oxide fuel cell with anode functional layer[J]. Journal of Inorganic Materials, 2017, 32(4): 400-406.

[114] XIE J M, HAO W Q, WANG F H. Analysis of anode functional layer for minimizing thermal stress in solid oxide fuel cell[J]. Applied Physics A Materials Science & Processing, 2017, 123(10): 656.

[115] MORI M, YAMAMOTO T, ITOH H, et al. Thermal expansion of nickel-zirconia anodes in solid oxide fuel cells during fabrication and operation[J]. Journal of the Electrochemical Society, 1998, 145(4):1374-1381.

[116] SAMESHIMA S, ICHIKAWA T, KAWAMINAMI M, et al. Thermal and mechanical properties of rare earth-doped ceria ceramics[J]. Materials Chemistry and Physics, 1999, 61: 31-35.

[117] NAKAJO A, MUELLER F, BROUWER J, et al. Mechanical reliability and durability of SOFC stacks. Part I: modelling of the effect of operating conditions and design alternatives on the reliability[J]. International Journal of Hydrogen Energy, 2012, 37(11): 9249-9268.

[118] NAKAJO A, MUELLER F, BROUWER J, et al. Mechanical reliability and durability of SOFC stacks. Part II: modelling of mechanical failures during ageing and cycling[J]. International Journal of Hydrogen Energy, 2012, 37(11): 9269-9286.

[119] PETRUZZI L, COCCHI S, FINESCHI F. A global thermo-electrochemical model for SOFC systems design and engineering[J]. Journal of Power Sources, 2003, 118(1-2): 96-107.

[120] NAKAJO A, KUEBLER J, FAES A, et al. Compilation of mechanical properties for the structural analysis of solid oxide fuel cell stacks. Constitutive materials of anode-supported cells[J]. Ceramics International, 2012, 38(5): 3907-3927.

[121] CHATTERJEE A, SHARMA G, VARSHNEY J, et al. Comparative study of mechanical properties of pure nanocrystalline Ni and Ni-Tf nanocomposite[J]. Materials Science and Engineering A-Structural Materials Properties Microstructures and Processing, 2017, 684: 626-633.

[122] NAKAJO A, STILLER C, HARKEGARD G, et al. Modelling of thermal stresses and probability of survival of tubular SOFC[J]. Journal of Power Sources, 2006, 158(1): 287-294.

[123] JIANG Z Q, HUANG Y, CHANDRA A. Thermal stresses in layered electronic assemblies[J]. Journal of Electronic Packaging-Transactions of the ASME, 1997, 119(2): 127-132.

[124] BOGY D B. Edge-bonded dissimilar orthogonal elastic wedges under normal and shear loading[J]. Journal of Applied Mechanics-Transactions of the ASME, 1968, 35: 460-466.

[125] BOGY D B. On the problem of edged-bonded elastic quarter planes loaded at the boundary[J]. International Journal of Solids and Structures, 1970, 35:1287-1313.

[126] HEIN V L, ERDOGAN F. Stress singularities in a two-material wedge[J]. International Journal of Fracture, 1971, 7: 317-330.

[127] KUO A Y. Thermal stresses at the edge of a bimetallic thermostat[J]. Journal of Applied Mechanics-Transactions of the ASME, 1989, 56: 585-589.

[128] LIU M, LU B, SHI D L, et al. Two-dimensional analysis of progressive delamination in thin film electrodes[J]. Acta Mechanica Sinica, 2017, 6(6): 1-12.

[129] HSIAO Y C, SELMAN J R. The degradation of SOFC electrodes[J]. Solid State Ionics, 1997, 98(1-2): 33-38.

[130] ZHANG T, ZHU Q S, HUANG W L, et al. Stress field and failure probability analysis for the single cell of planar solid oxide fuel cells[J]. Journal of Power Sources, 2008, 182(2): 540-545.

[131] LAURENCIN J, DELETTE G, JOUD F L, et al. A numerical tool to estimate SOFC mechanical degradation: case of the planar cell configuration[J]. Journal of the European Ceramic Society, 2008, 28: 1857-1869.

[132] LAURENCIN J, DELETTE G, MOREL B, et al. Solid oxide fuel cells damage mechanisms due to Ni-YSZ re-oxidation: case of the anode supported cell[J]. Journal of Power Sources, 2009, 192(2): 344-352.

[133] YANG Y Z, WANG G L, ZHANG H O, et al. Comparison of heat and mass transfer between planar and MOLB-type SOFCs[J]. Journal of Power Sources, 2008, 177(2): 426-433.

[134] YANG Y Z, WANG G L, ZHANG H O, et al. Computational analysis of thermo-fluid and electrochemical characteristics of MOLB-type SOFC stacks[J]. Journal of Power Sources, 2007, 173(1): 233-239.

[135] HWANG J J, CHEN C K, LAI D Y. Detailed characteristic comparison between

planar and MOLB-type SOFCs[J]. Journal of Power Sources, 2005, 143(1-2): 75-83.

[136] RAMÍREZ-MINGUELA J J, RODRÍGUEZ-MUÑOZ J L, PÉREZ-GARCÍA V, et al. Solid oxide fuel cell numerical study: modified MOLB-type and simple planar geometries with internal reforming[J]. Electrochimica Acta, 2015, 159: 149-157.

[137] KONNO A, IWAI H, INUYAMA K, et al. Mesoscale-structure control at anode/electrolyte interface in solid oxide fuel cell[J]. Journal of Power Sources, 2011, 196(1): 98-109.

[138] KENJO T, OSAWA S, FUJIKAWA K. High temperature air cathodes containing ion conductive oxides[J]. Journal of the Electrochemical Society, 1991, 138(2): 349-355.

[139] CEBOLLERO J A, LAHOZ R, LAGUNA-BERCERO M A, et al. Tailoring the electrode-electrolyte interface of solid oxide fuel cells (SOFC) by laser micro-patterning to improve their electrochemical performance[J]. Journal of Power Sources, 2017, 360: 336-344.

[140] SU P C, CHAO C C, SHIM J H, et al. Solid oxide fuel cell with corrugated thin film electrolyte[J]. Nano Letters, 2008, 8(8): 2289-2292.

[141] CHAO C C, HSU C M, CUI Y, et al. Improved solid oxide fuel cell performance with nanostructured electrolytes[J]. ACS Nano, 2011, 5(7): 5692-5696.

[142] WEIBULL W. A statistical distribution function for wide applicability[J]. Journal of Applied Mechanics-Transactions of the ASME, 1951, 18(3): 293-297.

[143] LAGUNA-BERCERO M A, CAMPANA R, LARREA A, et al. Electrolyte degradation in anode supported microtubular yttria stabilized zirconia-based solid oxide steam electrolysis cells at high voltages of operation[J]. Journal of Power Sources, 2011, 196(21): 8942-8947.

[144] MOMMA A, KATO T, KAGA Y, et al. Polarization behavior of high temperature

solid oxide electrolysis cells (SOEC)[J]. Journal of the Ceramic Society of Japan, 1997, 105(1221): 369-373.

[145] MAWDSLEY J R, CARTER J D, KROPF A J, et al. Post-test evaluation of the oxygen electrode from a solid oxide electrolysis stack and electrode materials development[J]. International Journal of Hydrogen Energy, 2009, 34(34): 4198-4207.

[146] IVERS-TIFFEE E, WEBER Q, HERBSTRITT D. Materials and technologies for SOFC-components[J]. Journal of the European Ceramic Society, 2001, 21(10-11): 1805-1811.

[147] GAZZARRI J I, KESLER O. Short-stack modeling of degradation in solid oxide fuel cells: Part I. Contact degradation[J]. Journal of Power Sources, 2008, 176(1): 138-154.

[148] GAZZARRI J I, KESLER O. Non-destructive delamination detection in solid oxide fuel cells[J]. Journal of Power Sources, 2007, 167(2): 430-441.

[149] PARK K, YU S, BAE J, et al. Fast performance degradation of SOFC caused by cathode delamination in long-term testing[J]. International Journal of Hydrogen Energy, 2010, 35(16): 8670-8677.

[150] SUN X, LIU W N, STEPHENS E, et al. Determination of interfacial adhesion strength between oxide scale and substrate for metallic SOFC interconnects[J]. Journal of Power Sources, 2008, 176(1): 167-174.

[151] DE BRUYNE N A. The physics of adhesion[J]. Journal of Scientific Instruments, 1947, 24(2): 29-35.

[152] SPIES G J. The peeling test on redux-bonded joints: a theoretical analysis of the test devised by aero research limited[J]. Aircraft Engineering and Aerospace Technology, 1953, 25(3): 64-70.

[153] KENDALL K. Thin-film peeling-the elastic term[J]. Journal of Physics D: Applied

Physics, 1975, 8: 1449-1452.

[154] PALASANTZAS G, DE HOSSON J TH M. Influence of roughness on the detachment force of elastic films from self-affine rough surfaces[J]. Journal of Applied Physics, 2003, 94(5): 3041-3044.

[155] PENG Z L, CHEN S H. Peeling behavior of a thin-film on a corrugated surface[J]. International Journal of Solids and Structures, 2015, 60-61: 60-65.

[156] XIA S M, PONSON L, RAVICHANDRAN G, et al. Adhesion of heterogeneous thin films-I: elastic heterogeneity[J]. Journal of the Mechanics and Physics of Solids, 2013, 61(3): 838-851.

[157] ZHAO H P, WANG Y C, LI B W, et al. Improvement of the peel strength of thin films by a bioinspired hierarchical interface[J]. International Journal of Applied Mechanics, 2013, 5: 1350012.

[158] XIE J M, HAO W Q, WANG F H. The analysis of interfacial thermal stresses of solid oxide fuel cell applied for submarine power[J]. International Journal of Energy Research, 2018, 42(5): 2010-2020.

[159] KINLOCH A J, LAU C C, WILLIAMS J G. The peeling of flexible laminates[J]. International Journal of Fracture, 1994, 66: 45-70.

[160] XIE J M, HAO W Q, WANG F H. Crack propagation of planar and corrugated solid oxide fuel cells during cooling process[J]. International Journal of Energy Research, 2019, 43(7):3020-3027.

[161] XIE J M, HAO W Q, WANG F H.Parametric study on interfacial crack propagation in solid oxide fuel cell based on electrode material[J]. International Journal of Hydrogen Energy, 2022,47(12): 7975-7989.

[162] BOUHALA L, BELOUETTAR S, MAKRADI A, et al. Study of interface influence on crack growth: application to solid oxide fuel cell like materials design[J]. Materials & Design, 2010, 31(3): 1033-1041.

[163] SHAO Q, FERNÁNDEZ-GONZÁLEZ R, RUIZ-MORALES J C, et al. An advanced numerical model for energy conversion and crack growth predictions in solid oxide fuel cell units[J]. International Journal of Hydrogen Energy, 2015, 40(46): 16509-16520.

[164] SHAO Q, BOUHALA L, FIORELLI D, et al. Influence of fluid flow and heat transfer on crack propagation in SOFC multi-layered like material with anisotropic porous layers[J]. International Journal of Solids and Structures, 2016, 78-79: 189-198.

[165] EL-AMIRI A, SAIFI A, ELHASSNAOUI A, et al. Control of solid oxide fuel cells damage using infrared thermography[J]. International Journal of Hydrogen Energy, 2018, 04: 222.

[166] PITAKTHAPANAPHONG S, BUSSO E P. Finite element analysis of the fracture behaviour of multi-layered systems used in solid oxide fuel cell applications[J]. Modelling and Simulation in Materials Science and Engineering, 2005, 13: 531-540.

[167] KIM S J, CHOI M B, PARK M, et al. Acceleration tests: degradation of anode-supported planar solid oxide fuel cells at elevated operating temperatures[J]. Journal of Power Sources, 2017, 360: 284-293.

[168] ZHU W, ZHANG Z B, YANG L, et al. Spallation of thermal barrier coatings with real thermally grown oxide morphology under thermal stress[J]. Materials & Design, 2018, 146: 180-193.

[169] BUSSO E P, QIAN Z Q, TAYLOR M P, et al. The influence of bondcoat and topcoat mechanical properties on stress development in thermal barrier coating systems[J]. Acta Materialia, 2009, 57(8): 2349-2361.

[170] TOLPYGO V K, CLARKE D R, MURPHY K S. Evaluation of interface degradation during cyclic oxidation of EB-PVD thermal barrier coatings and

correlation with TGO luminescence[J]. Surface and Coatings Technology, 2004, 188: 62-70.

[171] RANJBAR-FAR M, ABSI J, MARIAUX G. Finite element modeling of the different failure mechanisms of a plasma sprayed thermal barrier coatings system[J]. Journal of Thermal Spray Technology, 2012, 21: 1234-1244.

[172] RANJBAR-FAR M, ABSI J, MARIAUX G, et al. Crack propagation modeling on the interfaces of thermal barrier coating system with different thickness of the oxide layer and different interface morphologies[J]. Materials & Design, 2011, 32(10): 4961-4969.

[173] BAKER M. Finite element simulation of interface cracks in thermal barrier coatings[J]. Computational Materials Science, 2012, 64: 79-83.

[174] NAYEBPASHAEE N, SEYEDEIN S, ABOUTALEBI M, et al. Finite element simulation of residual stress and failure mechanism in plasma sprayed thermal barrier coatings using actual microstructure as the representative volume[J]. Surface and Coatings Technology, 2016, 291: 103-114.

[175] LIMARGA A M, WIDJAJA S, YIP T H, et al. Modeling of the effect of Al_2O_3 interlayer on residual stress due to oxide scale in thermal barrier coatings[J]. Surface and Coatings Technology, 2002, 153(1): 16-24.

[176] KONNO A, IWAI H, INUYAMA K, et al. Mesoscale-structure control at anode and electrolyte interface in solid oxide fuel cell[J]. Journal of Power Sources, 2011, 196(1): 98-109.

[177] CEBOLLERO J A, LAHOZ R, LAGUNA-BERCERO M A, et al. Tailoring the electrode-electrolyte interface of solid oxide fuel cells (SOFC) by laser micro-patterning to improve their electrochemical performance[J]. Journal of Power Sources, 2017, 360: 336-344.

[178] SU P C, CHAO C C, Shim J H, et al. Solid oxide fuel cell with corrugated thin film

electrolyte[J]. Nano Letters, 2008, 8(8): 2289-2292.

[179] CHAO C C, HSU C M, CUI Y, et al. Improved solid oxide fuel cell performance with nanostructured electrolytes[J]. ACS Nano, 2011, 5(7): 5692-5696.

[180] YANG C L, LI W, ZHANG S Q, et al. Fabrication and characterization of an anode-supported hollow fiber SOFC[J]. Journal of Power Sources, 2009, 187(1): 90-92.

[181] BRAHIM C, RINGUED A, GOURBA E, et al. Electrical properties of thin bilayered YSZ/GDC SOFC electrolyte elaborated by sputtering[J]. Journal of Power Sources, 2006, 156(1): 45-49.

[182] HAN M F, TANG X L, YIN H Y, et al. Fabrication, microstructure and properties of a YSZ electrolyte for SOFCs[J]. Journal of Power Sources, 2007, 165(2): 757-763.

[183] RYBICKI E F, KANNINEN M F. A finite element calculation of stress intensity factors by amodified crack closure integral[J]. Engineering Fracture Mechanics, 1977, 9(4): 931-938.

[184] PALANISWAMY K, KNAUSS WG. Propagation of crack under general in-plane tension[J]. International Journal of Fatigue, 1972, 8: 114-117.

[185] GRIFFITH A A. The phenomena of rupture and flowin solids[J]. Philosophical Transactions of the Royal Society of London Series A Containing Papers of a Mathematical or Physical Character, 1921, 221: 163-198.

[186] HAO W Q, XIE J M,WANG F H,et al. Analytical model of thin-walled corrugated tubes with sinusoidal patterns under axial impacting[J]. International Journal of Mechanical Sciences, 2017, 128-129: 1-16.

[187] HAO W Q, XIE J M, WANG F H. Theoretical prediction of the progressive buckling and energy absorption of the sinusoidal corrugated tube subjected to axial crushing[J]. Computers & Structures, 2017, 191: 12-21.

名词索引